金工技能实训

尤海峰　姚荣华　主编

程志杰　黄文煌　文立菊　傅阳钊　参编

尤晓萍　主审

中国电力出版社
CHINA ELECTRIC POWER PRESS

内 容 提 要

本书编写体现高职高专教育特色，以培养应用型人才为宗旨，着重于金工作业技能的实训指导。全书共分为七章，主要内容包括金工实训基础知识、钳工基础知识和技能训练、车工基础知识和技能训练、铣工基础知识和技能训练、电气焊基础知识和技能训练、刨工基础知识和技能训练、磨工基础知识和技能训练等。

本书重点突出、逻辑性强、层次分明、图例丰富，可作为高职高专院校、成人高校及本科院校二级职业技术学院的发电厂及电力系统、高压输配电、电厂热能动力、机电一体化等专业的实训教材，也可作为机械加工技术人员和操作人员的培训教材。

图书在版编目（CIP）数据

金工技能实训/尤海峰，姚荣华主编. —北京：中国电力出版社，2015.8

ISBN 978-7-5123-7906-0

Ⅰ.①金… Ⅱ.①尤…②姚… Ⅲ.①金属加工-高等职业教育-教材 Ⅳ.①TG

中国版本图书馆 CIP 数据核字（2015）第 133909 号

中国电力出版社出版、发行

（北京市东城区北京站西街 19 号　100005　http://www.cepp.sgcc.com.cn）

三河市航远印刷有限公司印刷

各地新华书店经售

*

2015 年 8 月第一版　2015 年 8 月北京第一次印刷

787 毫米×1092 毫米　16 开本　13.25 印张　303 千字

印数 0001—3000 册　定价 **39.00** 元

前　言

　　金工实习是高职学生一门重要的实践基础课。随着高职教育教学改革的进行，金工实习的学时和内容也发生了一些变化，为了适应我国高等职业教育的教学需要，我们结合多年的教学和实践经验，依据《高职高专学校金工实习的教学基本要求》精神，从实际出发，组织编写了《金工技能实训》。本书降低了理论深度，加强了技能实践环节，以"职业能力"为培养目标，办求突出职业性、技能性和应用性的职业特点，遵循专业理论为专业技能服务的基本原则，使学生在实训过程中能初步掌握机械制造过程的基础理论知识和金工的实践操作技能。

　　本书的主要特点：在结构上主要由若干模块组成，模块内设任务，由易到难的顺序递进，以技术实践知识为重点，以技术理论知识为背景，以拓展知识为延伸，形成了富有新意、别具一格的内容体系。贯彻了实用、够用的原则，反映了新知识、新技术、新工艺和新方法，体现了科学性、实用性、代表性和先进性，正确处理了理论知识与技能的关系。

　　本书由福建电力职业技术学院尤海峰高级技师和姚荣华技师主编，程志杰技师、黄文煌技师、文立菊讲师和泉州和诚数控加工中心傅阳钊参编。其中，第一章由文立菊编写，第二章由程志杰编写，第三章由黄文煌编写，第四和第五章由姚荣华编写，第六章由傅阳钊编写，第七章以及全书技能实训由尤海峰编写。全书由尤海峰统稿。全书由厦门大学嘉庚学院尤晓萍进行审稿，在此表示感谢。

　　由于作者的水平和经验有限，书中存在错误和不当之处，敬请读者批评指正。

编者

2015 年 6 月

目　录

金工实训基础知识

第一节　机械制造过程简述和工程材料基础知识

一、机械制造过程简述

任何机器或设备，比如自行车、汽车和机床等都是由相应的零件装配组成的。只有制造出符合要求的零件，才能装配出合格的机器设备。零件可以直接用型材经切削加工制成，如尺寸不大的轴、销、套类零件。一般情况下，则要将原材料经铸造、锻造、冲压、焊接等方法制成毛坯，然后将毛坯经切削加工制成。有的零件还需在毛坯制造和加工过程中穿插不同的热处理工艺。因此，一般的机械生产过程可简要归纳为：毛坯制造→切削加工→装配和调试。

（一）毛坯制造

在机器零件生产中常见的毛坯制造方法有以下几种。

（1）铸造。制造铸型，熔炼金属，并将熔融金属浇入铸型，凝固后获得一定形状和性能的铸件的成形方法。

（2）锻造。在加压设备及工（模）具的作用下，使金属坯料产生塑性变形，以获得一定几何尺寸、形状和质量的锻件的加工方法。

（3）冲压。在压力机上利用冲模对板料施加压力，使其产生分离或变形，从而获得一定形状、尺寸的产品的方法。冲压产品具有足够的精度和表面质量，只需进行很少切削加工就可以直接使用。

（4）焊接。通过加热或加压或两者共用并辅之以使用或不使用填充材料，使焊件达到原子结合的加工方法。毛坯的外形与零件近似，其需要加工部分的外部尺寸大于零件的相应尺寸，而孔腔尺寸则小于零件的相应尺寸。毛坯尺寸与零件尺寸之差也就是毛坯的加工余量。

采用先进的铸造、锻造方法，可直接生产零件。

（二）切削加工

要使零件达到精确的尺寸和相应的表面质量，须将毛坯上的加工余量经切削去除。常用的方法有车、铣、刨、磨、钻和镗等。一般来说，毛坯要经过若干道切削加工工序才能制成零件。由于工艺要求，这些工序又分为粗加工、半精加工和精加工。

在毛坯制造及切削加工过程中，为便于切削和保证零件的力学性能，还需在某些工序之前（或之后）对工件进行热处理。所谓热处理，是指金属材料（工件）采用适当的方法进行加热、保温和冷却，以获得所需要的组织结构与性能的一种工艺方法。热处理之后工件可能有少量变形或表面氧化，所以精加工常安排在最终热处理之后进行。

（三）装配与调试

加工完毕并检验合格的各零件，按机械产品的技术要求，用钳工或钳工与机械相结合的方法按一定顺序组合、连接、调整固定，成为整台机器，这一过程称为装配。装配是机械制造的最后一道工序，也是保证机械达到各项技术要求的关键。

装配好的机器，还要经过试运转，以观察其在工作条件下的效能和整机质量。只有在检验、试车合格之后，才能装箱出厂。

二、工程材料基础知识

金属材料的种类繁多，用于制造各种构件、机器零件和工具。为了保证产品的质量和使用的可靠性，正确地认识材料，了解其性能，合理地选择及应用材料是很重要的。金属材料具有多种性能、材料不同，性能也不同。下面就金属材料的力学性能和工艺性能加以介绍。

（一）金属材料的力学性能

机械零件和工具，都是在各种外力作用下使用。在一定的外力作用下，金属本身会有显著的变形或断裂，表现为具有一定的抵抗能力。把金属这种对外力的抵抗能力称为力学性能。

金属材料的力学性能是通过专门的试验测定的。衡量金属材料力学性能的主要指标是强度、塑性、硬度、韧性和疲劳强度等。

1. 强度

强度是指金属材料在外力作用下，对变形和破裂的抵抗能力。强度的大小用材料单位横截面积上所产生的抵抗力，也就是用应力 σ 来表示，其应力的单位为 Pa。强度指标是设计和使用金属材料的重要依据。机械零件和工具的使用应力只有限制在弹性变形范围内，也就是小于弹性极限。若超过其屈服强度，会引起明显的变形，导致机械零件和工具的损坏。若大于抗拉强度，则会发生断裂，造成事故，这是绝对不允许的。

2. 塑性

塑性是指金属材料在外力作用下产生塑性变形而不破裂的能力。常用的塑性指标有延伸率 δ 和断面收缩率 ψ。这两个指示它反映金属材料塑性变形的能力。两个指标的值越大，则说明金属材料的塑性越好。反之金属材料的塑性就差，脆性也越大。对于变形量要求较大的零件或制品的加工，特别是深冲加工，则要求材料必须具有足够高的延伸率和断面收缩率。

3. 硬度

硬度是指金属材料抵抗其他更硬物体压入的能力。任何机器零件和工具都应具备足够的硬度，才能保证其使用性能和寿命。由于硬度试验方法简便，不需专门试样，不损坏零件，因此，硬度常作为检测热处理质量的方法之一。测量硬度的方法很多，常用的方法有布氏、洛氏两种。

（1）布氏硬度。布氏硬度 HB，最常用的是将直径为 10mm 的淬火钢球。试验力为 29.42kN，压向材料表面，持续时间 30s，使钢球压入被测金属表面，用试验力与压痕面积的比值作为硬度值。布氏硬度多数用于调质、退火、正火零件的硬度检验。这种方法不可检验硬度高于 HB450 的金属，也不可用来测定金属薄片的硬度，以免由于压痕过大而破坏工件表面硬度。

（2）洛氏硬度。洛氏硬度 HR，它是用一定的试验力，把淬火的钢球或120°圆锥形金刚石压印器压在材料表面上，通过材料表面的压痕深度来计算硬度值。洛氏硬度分为 HRA、HRB 和 HRC 三种。其中 HRA 是用120°圆锥形金刚石压印器施加588.36N（60 千克力）测得的硬度，用于测量高硬度的材料（＞HB700）；HRB 是用 ϕ1.53mm 淬火硬钢球压印器施加980.6N（100 千克力）测得的硬度，用于测量软钢、有色金属等（HB60～HB230）；HRC 是用120°圆锥形金刚石压印器施加1.47kN 测得的硬度，HRC 应用最普遍，常用于高、中硬度（HB230～HB700）的零件，如各种钢制工具、齿轮、弹簧等。洛氏硬度测定简便，能直接从刻度盘上读出硬度值，压痕较小，可测定成品件及较薄零件的硬度。但由于压痕小，故准确性低于布氏硬度。一般同一试件应测三点以上，取其平均值。

用各种硬度法测得的硬度值，不能直接进行比较，必须通过专门的硬度换算表，换算成同一硬度后，方能比较其高低。

4. 韧性

有些金属材料在静载荷作用下，表现为较高的强度，但在冲击载荷作用下，却表现非常脆弱；相反，也有些材料，强度并不高，但在冲击载荷作用下，反而表现出很高的坚韧性。韧性就是金属材料在冲击载荷作用下对破裂的抵抗能力。金属材料的韧性大小可通过冲击试验测定。

冲击韧性 a_k 只能作为承受大能量冲击的零件的抗力指标。在实践中，冲击韧性 a_k 多用于判断材料的性质（如脆性材料、韧性材料）及控制冶炼、压力加工、热处理等产品的质量。

5. 疲劳强度

金属材料在低于屈服的交变压力作用下发生破裂的现象称为疲劳。疲劳强度是指金属材料承受时间交变载荷作用而不破裂的最大应力。在对称应力下的疲劳强度用 σ_{-1} 表示。

实际上，试验规定，交变载荷试验钢为 10^6～10^7 次，有色金属为 10^7～10^8 次的最大应力就可以了。

机械零件的疲劳断裂具有很大危险性，常造成事故，必须引起足够的重视。疲劳的实质，主要是由于金属材料的表面粗糙或内部夹杂等缺陷起到疲劳裂纹源的作用，在交变应力作用下，逐渐扩展导致断裂的。因此，对零件表面精加工、喷丸强化、表面热处理及合理选材都会有效地提高疲劳强度。

（二）金属材料的工艺性能

金属材料的工艺性能，一般是指切削加工性、铸造性、可锻性、可焊性和热处理性能。

1. 切削加工性

切削加工性，是指金属材料接受切削成形的能力，是在一定的切削条件下，根据工件的精度和表面粗糙度，以及刀具的磨损速度和切削力的大小等进行评定的。

一般认为，硬度过高或过低的金属材料，其切削加工性能较差。金属材料硬度在HB160～HB230 范围内时，切削加工性能最佳。

2. 铸造性

铸造性能是指金属熔化后，浇注成合格铸件的难易程度。评定金属材料的铸造性，主要依据其流动性（液态金属能够充满铸型的能力）、收缩性（金属由液态凝固时和凝固后的体积收缩程度）和偏析倾向（金属在凝固过程中因结晶先后而造成的内部化学成分和组织的不均匀现象）等三项内容。灰铸铁、铸造合金、青铜和铸铜等，都具有较好的铸造性。

3. 可锻性

可锻性是指金属材料在热压力加工过程中成形的难易程度。如材料的塑性和塑性变形抗力及应力裂纹倾向等都反映锻压性能的好坏。低碳钢、低碳合金钢具有良好的锻压性能，而铸铁就不能锻压加工。

4. 可焊性

可焊性是指金属材料能适应普通常用的焊接方法和焊接工艺，其焊缝质量能达到要求的特性。焊接性能好的金属材料能获得无裂缝、气孔等缺陷的焊缝及较好的力学性能。低碳钢的焊接性能比较好，而铸造合金焊接性能较差。

5. 热处理性能

热处理性能是指金属材料通过热处理后改变或改善性能的能力。钢是采用热处理最为广泛的金属材料，通过热处理，可以改善切削加工性能，可以提高力学性能，延长使用寿命。

（三）工程材料

工程材料是指在各个工程领域中所使用的材料。常用的工程材料按组成特点，可作以下分类：

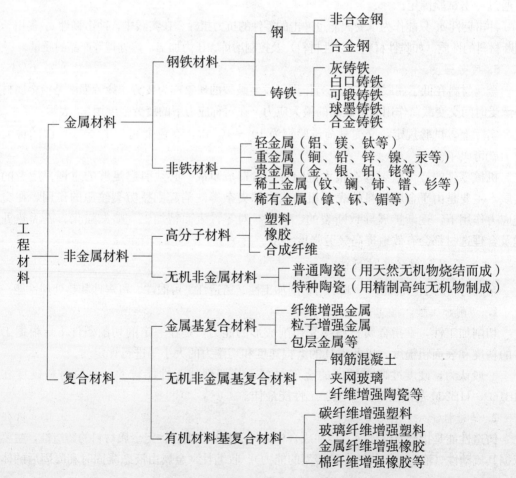

金属材料是应用最广泛的机械工程材料。随着科技与生产的发展，非金属材料和复合材料的应用也得到了迅速的发展。

1. 钢

钢是以铁为主要元素，含碳量一般在2.0%以下，并含有其他元素的材料。按化学成分，钢可分为非合金钢和合金结构钢。非合金钢中除以铁和碳为主要成分外，还有少量的锰、硅、硫、磷等元素，这些是在冶炼时由原料、燃料带入钢中的，通常称为杂质。合金结构钢是在非合金钢的基础上，在炼钢过程中有目的地加入某种或某几种元素（也称合金元素）而形成的钢种。

（1）非合金钢也称碳素结构钢，俗称碳钢。按钢的主要质量等级和主要性能或使用特性，碳钢分为普通质量碳钢、优质碳钢及特殊质量碳钢。下面列举常用的碳钢钢号。

普通质量碳钢 Q235-A（Q表示钢材屈服点"屈"字汉语拼音字首；235表示屈服点值为235MPa；A表示质量等级为A级），用于制作螺钉等。

优质碳钢 08F 钢、10 钢用于制作冲压成形的外壳、容器等，40 钢制作轴、杆，45 钢制作齿轮等。（其中两位数字表示钢平均含碳量的万分数）

特殊质量碳钢主要包括碳素工具钢、碳素弹簧钢、特殊易切削钢等。T7 钢、T8 钢用于制作手钳、螺钉旋具等，T10 钢用于制作手锯锯条、T12 钢制作锉刀、刮刀。（T 表示碳素工具钢"碳"字汉语拼音字首，数字表示钢平均含碳量的千分数）

此外，按碳含量的不同，可将碳钢分为低碳钢、中碳钢和高碳钢。

低碳钢——含碳量在0.25%以下，强度低，塑性、韧性好，易于成形，焊接性好，常用于制作受力不大的构件和零件。

中碳钢——含碳量在0.25%～0.6%，具有较高的强度，并兼有一定的塑性、韧性，适用于制造机械零件。

高碳钢——含碳量在0.6%～1.4%（不含0.6%），塑性和焊接性都差，但热处理后可达到很高强度和硬度，用于制作工具、模具。

（2）合金结构钢是在碳钢中有目的地加入某种或某种合金元素，改变钢的性能，使之具有高的机械强度、高的热硬性、耐蚀性、耐热性、好的电磁性等。

合金结构钢按加入合金元素的多少，可以分为：

低合金钢，合金元素质量分数≤5%；

中合金钢，合金元素质量分数＝5%～10%；

高合金钢，合金元素质量分数≥10%。

合金结构钢由于钢中加入一定量的合金元素，提高了钢淬透性，经热处理后比碳素钢具有更好的综合力学性能，常用于制造性能要求高、尺寸较大的重要的机械零件。合金结构钢可分为渗碳钢、调质钢、弹簧钢、滚动轴承钢等。

工具钢在机械加工中用来作刀具、模具及量具。刃具钢具有高硬度，高耐磨性，高热硬性。模具钢有冷模具钢和热模具钢，冷模具钢具有高的硬度、耐磨性和一定的韧性，热模具钢具有高强度和韧性及抗热疲劳能力，还有好的淬透性和导热性等。量具钢具有高的硬度耐磨性，热处理变形小。

特殊钢主要是指具有特殊的物理性能、化学性能的钢种，它包括不锈钢、耐热钢、

耐磨钢等。

高速工具钢又称高速钢或锋钢，它具有高的热硬性的合金钢，是高碳高合金工具钢。我国常用的有钨系高速钢、钨钼系高速钢和超硬高速钢三种。

2. 铸铁

铸铁是主要由铁、碳和硅组成的合金的总称。生产上应用的铸铁，含碳量通常在2.5%～4.0%，硅、锰、磷、硫等杂质的含量也比钢高。

铸铁主要有灰铸铁、白口铸铁、球墨铸铁和可锻铸铁等。常用的铸铁是灰铸铁，灰铸铁中的碳主要以片状石墨形式出现，断口呈灰色。其抗拉强度、塑性和韧性都较低，但承受压力的性能好，减摩性、减振性好，切削加工性好，成本低，因而应用广泛。灰铸铁的铸造性好，可以浇注形状复杂或薄壁的铸件。灰铸铁属脆性材料，不能锻压，其焊接性也差。常用的牌号 HT200（HT 是"灰铁"两字的汉语拼字首，数字表示该铸铁的最低抗拉强度值，单位为 MPa）主要用来制造机床床身、刀架等。

白口铸铁因其断面呈亮白色而命名。白口铸铁都以化合物（Fe_3C）存在，其性脆而硬，因而白口铸铁具有脆硬的特性。白口铸铁的主要用途是生产可锻铸铁的坯料及炼钢的原料。

可锻铸铁中有碳大部分或几乎全部以团絮状石墨形式存在，因而有一定的塑性和韧性。例 KTH300-06（前两个字母 KT 是"可铁"两字汉语拼音的字首，第三个字 H、B 或 Z 分别表示黑心、白心或可锻，第一组数字表示最低抗拉强度，最后一组数字表示最低的延伸率）。

球墨铸铁中碳大部分或几乎全部以球状石墨形式存在。球墨铸铁比灰铸铁和可锻铸铁有更了好的力学性能，球墨铸铁还有铸铁所特有的良好切削加工性、耐磨性、减振性和铸造性。例 QT500-7（QT 是"球铁"两字的汉语拼字首，第一组数字表示最低的抗拉强度，第二组数字表示最低延伸率）。

3. 非铁金属材料

非铁金属材料主要指有色金属材料。其中应用最多的是铝、铜及其合金。

工业用纯铝和纯铜（也称紫铜）有良好的导电性、导热性和耐蚀性，塑性好，强度低，主要用于制造电线、油管、日用器皿等。

铝合金分为变形铝合金和铸造铝合金两类。变形铝合金的塑性较好，常制成各种型材、板材、管材等，用于制造门窗、油箱等。铸造铝合金的铸造性能好，用于制造形状复杂及有一定力学性能要求的零件，如仪表壳体等。

铜合金主要有黄铜和青铜。黄铜是以锌为主要添加元素的铜合金，主要用于制造冷压冲压件、轴承和耐蚀零件等；青铜按主要添加元素的不同，又分为锡青铜、铝青铜、铍青铜等，主要用于制造轴瓦、蜗轮、弹簧以及要求减摩、耐蚀的零件等。

4. 常用钢材的种类和规格

常用钢材的种类有型钢、钢板、钢管和钢丝。

型钢的品种很多，常见的有圆钢、方钢、扁钢、槽钢、角钢、工字钢等。每种型钢都有具体的规格，通常用反映其断面形状的主要轮廓尺寸表示。常用型钢规格的表示方法见表1-1。

表 1-1   常用型钢规格的表示方法

材料名称	断面形状	规格表示方法	材料名称	断面形状	规格表示方法
圆钢	直径	直径	工字钢	高 腰厚 腿宽	高×腿宽×腰厚
方钢	边宽	边宽	槽钢	高 腰厚 腿宽	高×腿宽×腰厚
扁钢	边厚 边宽	边厚×边宽	等边角钢	边厚 边宽	边宽×边宽×边厚
六角钢	对边距离	对边距离（即内切圆直径）	不等边角钢	长边 边厚 短边	长边×短边×边厚
八角钢	对边距离	对边距离（即内切圆直径）	螺纹钢	d_0 d_0（计算直径）	计算直径

（四）钢的热处理

随着科学技术的发展，人们对钢铁材料性能的要求越来越高。提高钢材性能，主要有两个途径，一是调整钢的化学成分，在钢中有意加入一些合金元素，即合金化的方法；二是对钢进行热处理，通过热处理改变其内部组织，从而改善材料的加工工艺性能和使用性能。例如，用 T8 钢制造錾子，淬火前硬度仅为 HB180～HB200，耐磨性差，难以錾削金属，经淬火处理后，硬度可达 HRC60～HRC62，耐磨性好，切削刃锋利。由此可见，热处理是充分挖掘材料潜力、提高生产效率和产品质量、延长零件使用寿命、减少刀具磨损的有效手段。所以，热处理在机器制造业中占有很重要的地位。

钢的热处理是将钢采用适当的方式进行加热、保温和冷却，以获得所需要的组织结构与性能的工艺，根据加热和冷却方式的不同，热处理一般可分为下列几类：

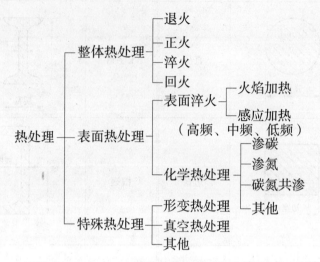

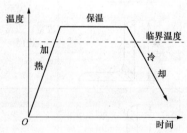

图 1-1　最简单的热处理工艺曲线

热处理如的方法虽然很多，但各种热处理工艺过程都由加热、保温、冷却三个阶段组成的。通常将这一工艺用"温度—时间"曲线表示，图 1-1 所示即为最简单的热处理工艺曲线。

1. 退火与正火

退火与正火的目的，是调整钢件硬度，以利于切削加工。例如，高碳钢和一些合金钢经轧制或锻造后，常因硬度较高难以切削加工，而低碳钢因硬度太低，切削时易"粘刀"而影响加工效率和零件表面粗糙度。经适当退火与正火处理后，钢件的硬度可控制在 HB170～HB230，最适于切削加工。也可消除钢中残余内应力，以防止变形及开裂并改善钢的力学性能。

（1）退火。将钢加热到临界温度以上（不同钢号的临界温度不同，一般为 710～750℃，个别合金钢为 800～900℃），在此温度停留一定时间（保温），然后，在炉内或埋入导热性差的介质中缓慢冷却的热处理工艺称为退火。

根据钢的成分和退火目的不同，退火又分为以下几种：

1）细化晶粒退火。主要应用于铸件、锻件、焊接件的处理，目的是细化晶粒，消除内应力，降低硬度，改善切削加工性能。

2）球化退火。主要应用于合金钢工件，目的是降低工件硬度、脆性减少，提高切削性能。

3）再结晶退火。主要应用于钢在冷态下加工或锻造后，会产生加工硬化和很大的内应力。为了改善钢件的力学性能，保证机械加工的顺利进行，一般采用此退火。

4）消除内应力退火。这种退火由于加热温度降于临界点，工件不发生组织转变，只是在热状态下消除了内应力。常用于处理铸件和焊件，以防止变形或开裂。

（2）正火。把钢件加热到临界温度以上，保温一定时间，然后放在空气中冷却的热处理工艺称为正火。

正火的作用和退火基本相同，不同的是正火的加热温度稍高，而且冷却速度较退火快。正火后的钢件强度、硬度都比退火时低。

对于低碳钢工件，正火可以细化晶粒，均匀组织，改善切削加工性能，而且工艺过程比退火短；对于中碳钢工件，正火与退火后的性质有较显著的差别。正火后工件的强度和硬度都有所提高，因此，不能用正火代替退火；对于高碳钢工件，正火可以消除原始组织中的缺陷。因此，常用于较重要的工件在球化退火和淬火前的预备热处理。

2. 淬火

将钢件加热到临界点以上，保温一定时间，然后在水、盐水或油中（个别材料在空气中），急速冷却的过程称为淬火。它的主要目的是提高工件强度和硬度，增加工件的耐磨性，延长工件的使用寿命。

对于工具钢来说，淬火的主要目的是提高它的硬度，以此来保证用它制造刀具的切削性能及制造模具和量具的耐磨性能。对于中碳钢制造的零件，淬火是为以后的回火做好结构和性能上的准备。因为经过淬火后，强度、硬度增加，韧性降低，通过回火后，适当降低部分强度，可大大增加零件的韧性。

常见淬火后有硬度不足的缺陷，这是由于加热温度低，保温时间不足或冷却速度不够快等原因造成的。可在正火后重新进行淬火处理。变形和开裂，主要是淬火内应力造成的，减少、避免变形和开裂的主要措施是，正确选材和合理设计零件。零件结构设计中，应尽量减少不对称性，避免尖角等。淬火前进行退火或正火、预热，加热时严格控制加热温度，采用合适的冷却方法等均可减少内应力。

3. 回火

回火是紧接着淬火之后进行的一种热处理工艺。将淬硬的工件加热到临界点以下的温度，保温一定时间，然后在油、水或空气中冷却的过程称为回火。主要目的是消除淬火后的内力，增加韧性。回火后零件的强度、硬度下降，塑性、韧性提高。

根据回火温度和作用不同，回火主要有以下几种：

（1）低温回火，在 120～250℃ 的温度范围内进行，目的是保持工件淬火后得到高硬度和耐磨性的情况下，降低淬火脆性及内应力。例如：各类高碳钢工具、滚动轴承等。

（2）中温回火，淬火钢件在 250～500℃ 的回火，这种回火可以保持一定硬度的情况下，使工件得到较高的弹性，可以显著减少淬火应力，并使零件获得较高的弹性极限、抗拉强度和韧性。例如：各种弹簧、弹簧夹头等。

（3）高温回火，在 500～650℃ 的温度范围内进行的回火，高温回火几乎能完全消除淬火内应力，并使工件得到高强度和高韧性的综合力学性能。钢件淬火及高温回火的复合热处理工艺称为调质处理。

4. 调质

工件淬火后再进行高温回火的工艺过程，称为调质处理。它的目的是使钢件获得高韧性和足够的强度，使其具有良好的综合力学性能。调质，一般是在机械加工以后进行，也可把毛坯或经粗加工的零件调质后再进行机械加工。它主要用于承受冲击、交变载荷作用下的重要结构零件、工模具，如轴、齿轮等。常作为渗氮、表面淬火等表面强化件及某些精密零件、量具、模具的预备热处理。

5. 时效

时效处理有自然时效和人工时效两种。

自然时效时将要加工的零件，先在需要加工的表面上进行粗加工，然后，在露天停放一个时期，或将机件吊挂数天（例如丝杠）使其内应力逐渐削弱。

人工时效是将机件在低温回火后，精加工之前，加热到 100～160℃，保持 10～40h，然后缓慢冷却。

时效处理的目的是消除毛坯在制造时产生的内应力，以防止或减少由于内应力引起的变形。

6. 表面热处理和化学热处理

（1）表面热处理。仅对工件表层进行热处理以改变其组织和性能的工艺，称为表面热处理。表面热处理的方法很多，生产中广泛采用的是感应加热淬火和火焰淬火。

（2）化学热处理。

1）渗碳：为了增加钢件表层的含碳量和一定的碳浓度梯度，将钢件在渗碳介质中加热并保温，使碳原子渗入表层的化学热处理工艺。

2）渗氮（氮化）：在一定温度下，使活性氮原子渗入工件表面的化学热处理工艺。

3）碳氮共渗：在一定温度下，将碳、氮同时渗入工件表面，并以渗碳为主要的化学热处理工艺。

7. 发黑和发蓝处理

发黑和发蓝处理同属于氧化处理方法。它的主要作用是使工件表面生成一层保护膜而增强工件表面防锈和抗蚀能力；同时可使工件表面光泽美观。对于淬火工件进行发黑和发蓝处理时，还可消除淬火应力。

（1）发黑处理：将工件放在很浓的碱和氧化剂溶液中加热氧化，使工件表面生成一层黑色的四氧化三铁薄膜的过程。发黑处理主要应用于碳素钢和低碳合金工具钢制成的工件。

（2）发蓝处理：利用回火的方法，使钢件表面生成各种不同颜色的氧化膜。例如，螺母、表针、垫圈等。

第二节　常用量具的使用

在生产过程中，用来测量各种工件尺寸、角度和形状的工具，称为量具。常用的量具有钢尺、卡钳、直角尺、游标卡尺、千分尺、百分表等。

在介绍量具之前先介绍一下长度的单位。一般工业上所用的长度计量单位，有米制和英制两种。米制目前已为世界上大多数国家所采用，我国法定计量单位也统一规定使用米制。但有的国家和我国的某些行业中，仍有采用英制的。现将米制和英制两种长度计量单位都作一简要介绍。

（1）米制中的长度计量单位：

1m（米）＝10dm（分米）

1dm（分米）＝10cm（厘米）

1cm（厘米）＝10mm（毫米）

1mm（毫米）＝10μm（微米）

在机械制造工业中，长度是以 mm 为单位。例如：1.2m 写成 1200mm；2.4dm 写成 240mm；1.8cm 写成 18mm。

（2）英制中的长度单位：

1 英尺（ft）＝12 英寸（in）

1 英寸（in）＝8 英分

1 英分＝4 角（也称塔）

英制的常用单位是"英寸"。

例如：1 英寸写成 in；1 英分写成 1/8in；0.5 英寸写成 1/2in；0.5 英分写成 1/16in；1 角写成 1/32in；0.5 角写成 1/64in。

（3）米制与英制长度单位的换算：

1in＝25.4mm

［例 1］ $\frac{9}{16}$in×25.4＝14.2875mm。

［例 2］ $1\frac{7}{16}$in×25.4＝36.5125mm。

［例 3］ 145mm÷25.4＝5.70855in。

一般需将小数尺寸化为分数表示：

例如 0.70866×$\frac{64}{64}$＝$\frac{45}{64}$；

结果是 145mm＝$5\frac{45}{64}$in。

一、钢尺

钢尺是度量零件长度、宽度、高度、深度及厚度的量具。其测量精度为 0.3～0.5mm。钢尺一般有钢直尺（见图 1-2）和钢卷尺（见图 1-3）。其刻度一般有英制和米制两种。钢直尺的规格由长度分有 150、300、500、1000mm 或更长等两种。钢卷尺常用的有 1000、2000mm 或更长的，尺上的最小刻度为 0.5mm 或 1mm。钢尺常用来测量毛坯和要求精度不高的零件。

图 1-2　钢直尺

用钢直尺测量工件时要注意尺的零线是否与工件边缘相重合。在测量时应根据零件形状灵活掌握，例如：

（1）测量矩形零件的宽度时，要使钢直尺和被测零件的一边垂直，和零件的另一边平行，如图 1-4（a）所示。

（2）测量圆柱体的长度时，要把钢直尺准确地放在圆柱体的母线上，如图 1-4（b）

图 1-3　钢卷尺

所示。

　　（3）测量圆柱体的外径［见图 1-4（c）］或圆孔的内径［见图 1-4（d）］时，要使钢直尺靠着零件端面一侧的边线来回摆动，直到获得最大的尺寸，即直径的尺寸。

二、直角尺

　　直角尺的两边呈 90°角，用来检查工件的垂直度。直角尺一般分为整体和组合的两种。如图 1-5 所示。

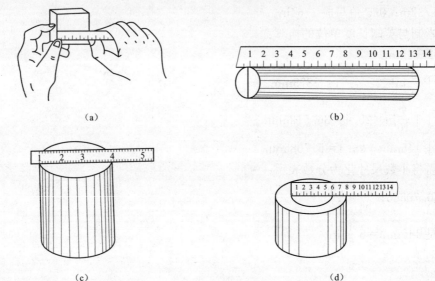

（a）　　　　　　　　　　　　（b）

（c）　　　　　　　　　　　　（d）

图 1-4　钢直尺的使用方法
（a）测量矩形件宽度；（b）测量圆柱体长度；（c）测量圆柱体外径；（d）测量圆孔内径

　　整体直角尺是用整块金属制成。组合直角尺是由尺座和尺苗两部分组成。直角度的两边长度长短不同，长而薄的一边叫尺苗，短而厚的一边叫尺座。有的直角尺在尺苗上带有尺寸刻度。

　　直角尺用来检查或测量工件内、外直角、平面度，也是划线、装配时常用的量具。直角尺的使用方法，是将尺座一面靠紧工件基准面，尺苗向工件的另一面靠拢，观察尺苗与工件贴合处，用透过光线是否均匀，来判断工件两邻面是否垂直，如图 1-6 所示。

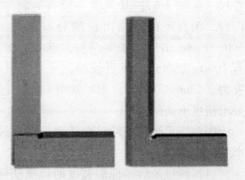

图 1-5　直角尺

三、卡钳

卡钳是具有两个可以开合的钢质卡脚的测量工具。卡钳有外卡钳和内卡钳两种，如图1-7所示。分别用于测量外尺寸（外径或工件厚度）和内尺寸（内径或槽宽）。卡钳是一种间接的量具，它本身不能直接读出所测量的尺寸，必须与钢直尺

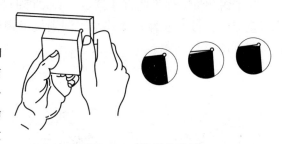

图1-6 直角尺的使用

配合使用，才能得出测量数值；或用卡钳在钢直尺上先取得所需的尺寸，再去检验工件是否符合规定的尺寸。

用卡钳测量，是靠手指的灵敏感觉来取得准确的尺寸。测量时，先将卡钳掰到与工件尺寸近似，然后轻敲卡钳的内外侧，来调整卡脚的开度。调整量，不可在工件表面上敲击，也不可敲击卡钳的卡脚，避免损伤工件的表面和卡脚，如图1-8所示。

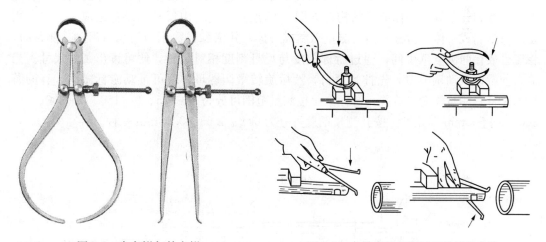

图1-7 内卡钳与外卡钳　　　　　　图1-8 内外卡钳卡脚开度的调整方法

测量外部尺寸时，将调好尺寸的卡钳通过工件表面，手指有摩擦的感觉，如图1-9所示。测量内部尺寸时，将内卡钳插入孔内，将一卡脚和工件表面贴住，另一卡脚前后左右摆动，经反复调整，达到卡脚贴合松紧合适，手指有轻微摩擦的感觉，如图1-10所示。

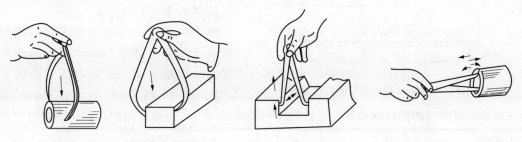

图1-9 外卡钳的使用　　　　　　　　图1-10 内卡钳的使用

用卡钳测量工件不能直接读数，必须借助其他量具。借助其他量具时，应使一卡脚靠紧基准面。另一卡脚稍微移动，调到使卡脚轻轻接触表面或与刻度线重合为止，如图1-11和图1-12所示。

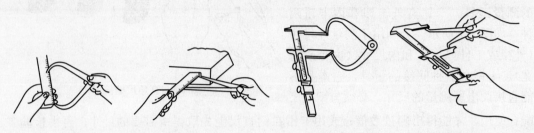

图1-11　在钢直尺上测量尺寸　　　　　图1-12　在游标卡尺上测量尺寸

四、游标卡尺

游标卡尺是一种结构简单、中等精度的量具。它可以直接测量出工件的内外径、宽度、深度和孔距等。游标卡尺的构造如图1-13所示。它是由尺身和游标组成。尺身和固定测量爪制成一体。游标和活动测量爪制成一体，并依靠弹簧压力沿尺身滑动。测量时，将工件放在两测量爪中间，通过游标刻度与尺身刻度相对位置，便可读出工件尺寸。当需要使游标微动调节时，先拧紧螺钉，然后旋转微调螺母，就可推动游标微动。有的游标卡尺带有测量深度的装置。游标卡尺按测量范围可分为0～125、0～150、0～200、0～300、0～500mm等几种。按其测量精度可分为0.1、0.05、0.02mm三种。

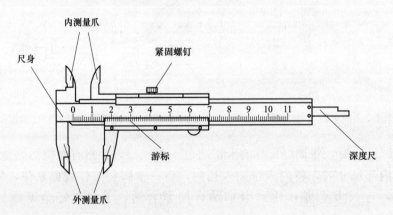

图1-13　游标卡尺

图1-14　0.02mm游标卡尺的刻线原理

1. 游标卡尺刻线原理

图1-14为0.02mm游标卡尺的刻线原理。尺身每小格是1mm，当两测量爪合并时，尺身上49mm刚好等于游标上50格，游标每格长为49/50mm即0.98mm，尺身与游标每格相差为1.00mm－0.98mm＝0.02mm。因此，它的测量精度为0.02mm。

2. 游标卡尺的读数方法

在游标卡尺上读尺寸时可以分为三个步骤：

第一步，读整数，即读出游标零线左面尺身的整毫米数。

第二步，读小数，即读出游标与尺身对齐刻线处的小数毫米数。

第三步，把两次读数相加。

图 1-15 所示是 0.02mm 游标卡尺的尺寸读法。

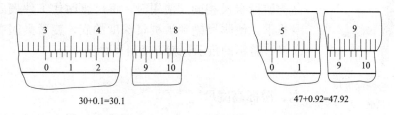

30+0.1=30.1   47+0.92=47.92

图 1-15　0.02mm 游标卡尺的尺寸读法

3. 游标卡尺的使用方法

在使用前，首先检查尺身与游标的零线是否对齐，并用透光法检查内外测量爪量面是否贴合，如有透光不均，说明测量爪量面已有磨损。这样的卡尺不能测量出精确的尺寸。

当量工件的外部尺寸时，先把工件放入两个张开的测量爪内，首先选择测量爪适当的位置，必须使工件贴靠在固定测量爪上，然后用轻微的压力，把活动测量爪推过去，当两测量爪的量面已和工件均匀地贴靠时，即可由卡尺上读出工件的尺寸，如图 1-16 所示。当使用游标卡尺测量较大工件的外径时，左手拿着一个测量爪，右手拿住尺身，如图 1-16 所示。用左手固定测量爪贴靠工件表面。右手推动游标，使活动测量爪也靠紧工件，便可从尺身和游标上读出尺寸。

当测量内径时，应使测量爪开度小于内径，测量爪插入内径后，再轻轻拉开活动测量爪，使两测量爪贴住工件，就可读出尺寸，如图 1-17 所示。

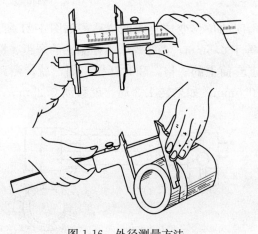

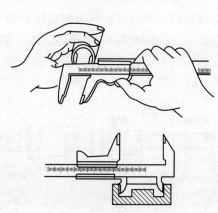

图 1-16　外径测量方法　　　　图 1-17　内径测量方法

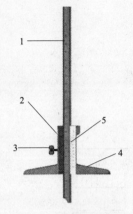

图 1-18　游标深度尺
1—尺身；2—尺框；3—紧固
螺钉；4—尺座；5—游标

五、游标深度尺

游标深度尺，如图 1-18 所示。是由尺身、游标与尺座（两者为一体）、紧固螺钉组成。它的主要用途是测量深度、台阶的高度等。它的精度可分为 0.1、0.05、0.02mm 三种。测量范围为 0~150、0~200、0~300mm 等多种。刻线的读法与游标卡尺相同。使用时，将尺座贴住工件表面，再将尺身推下，使测尺碰到被测量深度的底，旋紧紧固螺钉，根据尺身、游标的指示，就可读出尺寸。

六、游标高度尺

游标高度尺，如图 1-19 所示。常用来划线和测量放在平台的零件高度。游标高度尺的尺身、游标、划线爪、测量爪、固定螺钉等，都安装在底座上，底座应放在划线平板（平台）平面上。游标高度尺的刻线原理和测量精度与游标卡尺相同。

七、外径千分尺

外径千分尺是生产中常用的测量工具，主要用来测量工件的长、宽、厚及外径。测量时，能准确在读出尺寸，精度可达 0.01mm。其构造如图 1-20 所示，由弓架、固定测砧、固定套筒（带有刻线的主尺）、活动测轴（测轴的另一端是螺杆，螺距是 0.5mm）、活动套筒（带有刻线的副尺）、止动销组成。活动套筒与活动测轴是紧固成一体的。因为它的调节范围在 25mm 以内，所以从零开始，每增加 25mm 为一种规格。常用的有 0~25、25~50、50~75mm⋯测量范围大于 300mm 的千分尺，把固定测砧制成可调式的，调节范围为 100mm。

图 1-19　游标高度尺

分格原理：千分尺是利用螺旋副尺将角度的位移变成直线的位移，如图 1-21 所示。固定套筒上 25mm 长有 50 个小格，即一格等于 0.5mm，正好等于螺杆测轴的螺距。螺杆测轴每转一周它所移动的距离正好等于固定套筒上的一格，顺时针转一周，就使测距缩短 0.5mm；逆时针转一周，就使测距延长 0.5mm；如果转 1/2 周，就移动 0.25mm。将

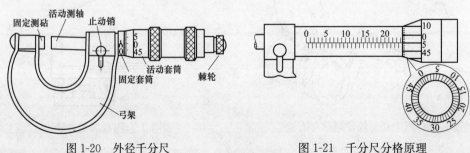

图 1-20　外径千分尺　　　　　　　图 1-21　千分尺分格原理

活动套筒沿圆周等分成 50 个小格，转 1/50 周（一小格），则移动距离为 $0.5mm \times \frac{1}{50} = 0.01mm$；活动套筒转动 10 小格，就移动 0.1mm。因此，我们可以从固定套筒上读出整数，从活动套筒上读出小数。

读法是：固定套筒整数值＋活动套筒格数×0.01＝工件尺寸。读数实例，如图 1-22 所示。

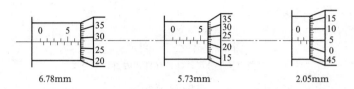

6.78mm   5.73mm   2.05mm

图 1-22　千分尺的读法

外径千分尺在使用前，应先将检验棒置于固定测砧与活动测轴之间，检查固定套筒中线和活动套筒的零线是否重合，活动套筒的轴向位置是否正确。如果固定套筒中线和活动套筒零线不重合，即活动套筒的端部将固定套筒的零线盖住或离线太远，都必须调整。调整的方法是，松开紧固螺母，用止动销固定螺杆测轴，扭动活动套筒即可调整。

进行测量时，当两个测量面接触工件后，棘轮出现空转，并发出"咔咔"响声，即可读出尺寸。要注意不可扭动活动套筒进行测量，只能旋转棘轮。如果因条件限制不便查看尺寸，可旋紧止动销，然后取下千分尺来读数。使用千分尺测量工件的方法，如图 1-23 所示。

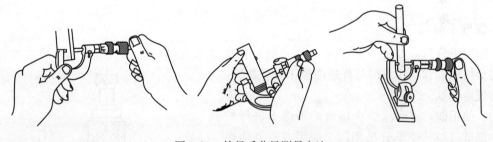

图 1-23　外径千分尺测量方法

八、内径千分尺

内径千分尺是用来测量内径尺寸的，它有普通形式和杠杆形式两种，如图 1-24 所示。

测量小孔径时，用普通内径千分尺。这种千分尺的刻线方向与外径千分尺和杠杆式内径千分尺相反，当活动套筒顺时针旋转时，活动套筒连同左面卡脚一起向左移动，测距增大。

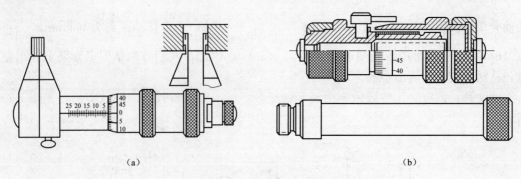

图 1-24 内径千分尺形式

(a) 普通内径千分尺；(b) 杠杆式内直径千分尺

测量较大孔径时，用杠杆式内径千分尺。它由两部分组成，一是尺头部分，二是加长杆。它的分格原理和螺杆螺距与外径千分尺相同。螺杆的最大行程是 13mm。为了增加测量范围，可在尺头上旋入加长杆。成套的内径千分尺，加长杆可测到 1500mm 以内的尺寸。

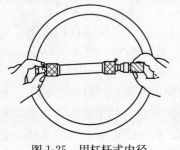

图 1-25 用杠杆式内径
千分尺测量

在使用内径千分尺时，先要进行检查，其方法可用外径千分尺测量，看其测得的数字是否与内径千分尺的标准尺寸相符合。如不符合，应松开紧固螺母，进行调整。成组内径千分尺都配有一个标准卡规，用以调整校验尺头。用加长杆时，接头必须紧固，否则，将影响准确度，测孔时，一只手扶住固定端，另一只旋转套筒，作上下左右摆动，这样，测量才能取得比较准确的尺寸，如图 1-25 所示。

九、深度千分尺

深度千分尺，如图 1-26 所示。用来测量精度要求较高的孔深、槽深和台阶高度等。它的分格原理和刻线方向与普通内径千分尺相同。它的规格有 0～25、0～50、0～75、0～100mm 等多种。使用前，将底座放在精确的平面上进行校验，调整时与外径千分尺相同。使用方法是使底座贴紧工件，旋动棘轮使测轴接触工件测面，使可得到准确的尺寸。

十、百分表

百分表是精密量具，主要用于校正工件的安装装置，检验零件的形状、位置误差，以及测量零件的内径等。它的主要优点是方便、可靠、迅速。常用百分表的测量精确度为 0.01mm。

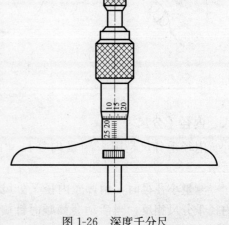

图 1-26 深度千分尺

百分表的构造，如图 1-27 所示。触头连接齿杆，齿杆带动齿条推动小齿轮 1 转动，与小齿轮 1 同轴的有大齿轮转动。小齿轮 2 的同轴伸出盘面，装有大指针，大指针可围绕盘面转动。拉簧可将齿杆拉回原来位置。露出盘面有一小指针，用来记录大指针的转数，大指针绕盘一周时，小指针在小盘上移动一格。

百分表的刻线原理是将量杆的直线运动，经过齿条、齿轮的传动，变为指针在盘面上作角度的位移。百分表的盘面刻线分为 100 格，当量杆移动 1mm 时，大指针就走 100 格，指针移动一格时，是指量杆移动 1/100mm，即 0.01mm。当大指针转数超过一周时，可由小指针记下数字，小指针刻线分为 10 格，每格记数为 1mm。

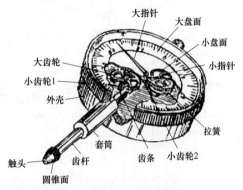

图 1-27 百分表的构造

例如：当大指针转了 2 周（即小指针移动 2 格）零 7 格时，说明量杆活动量为 2.07mm。
百分表在使用时，可装在专用的表架上，如图 1-28 所示。支架有"H"形底座，底面能很好地与平台或基准贴合，使用时更为稳定。在制造零件或检修设备时，常用百分表来测定轴的径向圆跳动，如图 1-29 所示。

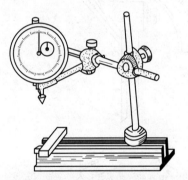

图 1-28 百分表支架的使用

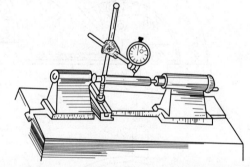

图 1-29 在两顶尖间检查轴的径向圆跳动

使用注意事项：

（1）使用前，应检查测杆活动的灵活性。轻轻推动测杆时，测杆在套筒内的移动要灵活，没有任何卡阻现象，且每次松开手后，指针能自行回到原刻线位置。

（2）使用时，必须把百分表固定在可靠在夹持架（表架）上，如图 1-28 所示。切不可贪图省事，随便夹在不稳固的地方，否则容易造成测量结果不准确或摔坏百分表。

（3）测量平面时，百分表的测杆要与平面垂直，测量圆柱形工件时，测杆要与工件的中心线垂直，否则使测杆活动不灵活或测量结果不准确。

（4）测量时，不要使测杆的行程超过它的测量范围，不要使表头突然撞到工件上，也不要用百分表测量表面粗糙或有显著凹凸不平的工件。

（5）为方便读数，在测量前让大指针到刻度盘的零位。对零位的方法是：先将触头与测量面接触，并使大指针转过一圈左右（目的是为了在测量中既能读出正数也能读出负数），然后把表夹紧，并转动表壳，使大指针指到零位。然后再轻轻提起测杆几次，检查放松后大指针的零位有无变化。如无变化，说明已对好，否则要再对。

（6）百分表不用时，应使测杆处于自由状态，以免表内弹簧失效。

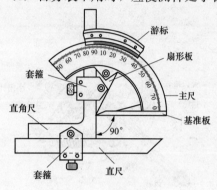

图 1-30　万能角度尺

十一、万能角度尺

万能角度尺又称游标万能角度尺，可以测量零件和样板的内外角度，测量范围由 $0°\sim320°$，游标分度值为 $2'$。它的构造如图 1-30 所示，基准板、扇形主尺、游标副尺固定在扇形板上；直角尺紧固在扇形板上，直尺紧固在直角尺上，直尺和直角尺可以滑动，并能自由装卸和改变装法。测量范围是 $0°\sim50°$、$50°\sim140°$、$140°\sim230°$、$230°\sim320°$ 等几种，如图 1-31 所示。

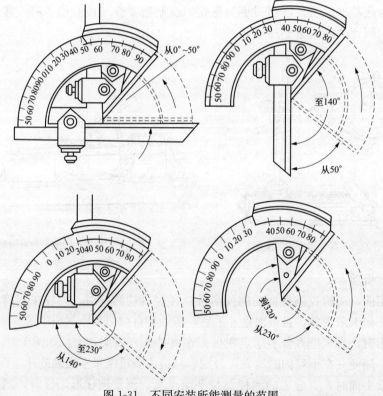

图 1-31　不同安装所能测量的范围

十二、塞尺

塞尺是由一些不同厚度的薄钢片组成的测量工具。在每一片钢片上都刻有厚度的尺寸数字，在一端像扇股那样钉在一起，如图 1-32 所示。

塞尺是测定两个工件的隙缝以及平板、直角尺和工件之间的隙缝使用的。塞尺的长度有 50、100 和 200mm 三种。厚度是 0.03～0.1mm 时，中间每片间隔为 0.01mm；如果厚度是 0.1～1mm 时，中间每片间隔为 0.05mm。

使用时，用适当厚度的塞尺插进被测定工件的隙缝里作测定。若没有适当厚度的，可组成数片进行测定（一般不超过三片）。使钢片在隙缝内既能活动，又使钢片两面稍有轻微的摩擦为宜。

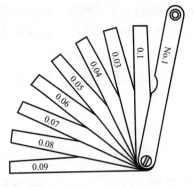

图 1-32　塞尺

十三、量块

量块（俗称块规）是一种十分精密的量具。它可以进行精密测量、检查工具和量具，还可以直接进行工件的测量。各种不同尺寸的量块可以叠接成组使用，但组合的块数越少越好。为了减少量块的磨损，每套中都备有若干块保护量块的护块，在使用时可放在量块的两端起保护量块的作用。量块是长方形的长块，有两个平行的测量面，两测量面的距离为测量尺寸，也就是量块的公称尺寸。量块测量表面的表面粗糙度和精度非常高，如果将它们彼此擦合，不用外力便能互相粘在一起，而不会分开。成套量块是由各种不同尺寸的长方块拼成一整套，装在特制木盒中的，如图 1-33 所示。量块使用完毕，要仔细地擦净湿气和手沾的污秽，再涂上油放置。

图 1-33　量块

第三节　极限与配合知识

一、极限与配合

现代化机械制造工业中大多数产品为成批生产或大量生产，要求生产出来的零件不经任何修配和挑选就能装到机器上去，并能达到规定的配合（松紧）要求和满足其他技术要求。

在同一规格的一批零件中，任选一个，不需任何修配就能装到机器上去，并达到规定的技术性能要求，称这种零件具有互换性。互换性在机械制造中具有重要的作用。例如机器上常用的轴承，当轴承损坏后，修理人员很快就可以用同一规格的轴承换上，恢复机器的功能。

按零件的加工误差及其控制范围规定的技术标准，称为极限与配合标准，它是实现互换性的基础。为了满足各种不同精度的要求，国家标准 GB/T 1800.3—1998《极限与

配合 基础 第3部分：标准公差和基本偏差数值表》规定标准公差分为20个公差等级（公差等级是指确定尺寸精确程度的等级），它们是 IT01、IT0、IT1、IT2、…、IT18。IT 表示标准公差，数字表示公差等级。其中 IT01 为最高，IT18 为最低。公差等级高，公差数值小，精确程度高；公差等级低，公差值大，精确程度低。即

$$\xleftarrow{\text{高 公差等级 低}}$$

IT01、IT0、IT1、IT2、…、IT18

$$\xrightarrow{\text{小 公差值 大}}$$

标准公差数值由公称尺寸和公差等级确定，见表 1-2。

表 1-2　　　　　　　标准公差数值（摘自 GB/T 1800.3—1998）

公称尺寸/mm		标准公差等级																	
>	至	IT1	IT2	IT3	IT4	IT5	IT6	IT7	IT8	IT9	IT10	IT11	IT12	IT13	IT14	IT15	IT16	IT17	IT18
		μm											mm						
—	3	0.8	1.2	2	3	4	6	10	14	25	40	60	0.1	0.14	0.25	0.4	0.6	1	1.4
3	6	1	1.5	2.5	4	5	8	12	18	30	48	75	0.12	0.18	0.3	0.48	0.75	1.2	1.8
6	10	1	1.5	2.5	4	6	9	15	22	36	58	90	0.15	0.22	0.36	0.58	0.9	1.5	2.2
10	18	1.2	2	3	5	8	11	18	27	43	70	110	0.18	0.27	0.43	0.7	1.1	1.8	2.7
18	30	1.5	2.5	4	6	9	13	21	33	52	84	130	0.21	0.33	0.52	0.84	1.3	2.1	3.3
30	50	1.5	2.5	4	7	11	16	25	39	62	100	160	0.25	0.39	0.62	1	1.6	2.5	3.9
50	80	2	3	5	8	13	19	30	46	74	120	190	0.3	0.46	0.74	1.2	1.9	3	4.6
80	120	2.5	4	6	10	15	22	35	54	87	140	220	0.35	0.54	0.87	1.4	2.2	3.5	5.4
120	180	3.5	5	8	12	18	25	40	63	100	160	250	0.4	0.64	1.00	1.60	2.60	4	6.3
180	250	4.5	7	10	14	20	19	46	72	115	185	290	0.46	0.72	1.15	1.85	2.9	4.6	7.2
250	315	6	8	12	16	23	32	52	81	130	210	320	0.52	1.81	1.3	2.1	3.2	5.2	8.1
315	400	7	9	13	18	25	36	57	89	140	230	360	0.57	0.89	1.4	2.3	3.6	4.7	8.9
400	500	8	10	15	20	27	40	63	97	155	250	400	0.63	0.97	1.55	2.5	4	6.3	9.7
500	630	9	11	16	22	32	44	70	110	175	280	440	0.7	1.1	1.75	2.8	4.4	7	11
630	800	10	13	18	25	36	50	80	125	200	320	500	0.8	1.25	2	3.2	5	8	12.5
800	1000	11	15	21	28	40	56	90	140	230	360	560	0.9	1.4	2.3	3.6	5.6	9	14
1000	1250	13	13	24	33	47	56	105	165	260	420	660	1.05	1.65	2.6	4.2	6.6	10.5	16.5
1250	1600	15	21	29	39	55	78	125	195	310	500	780	1.25	1.93	3.1	5	7.8	12.5	19.5
1600	2000	18	25	35	46	65	92	150	230	370	600	920	1.5	2.3	3.4	6	9.2	15	23
2000	2500	22	30	41	55	78	110	175	280	440	700	1100	1.75	2.8	4.4	7	11	17.5	28

注 公称尺寸小于1mm时，无IT14～IT18。

同一个公差等级（如 IT8）对所有公称尺寸的一组公差被认为具有同等精确程度，故标准公差等级就是确定尺寸精确程度的等级。常用的加工方法中，磨削可达到的尺寸公差等级为 IT7～IT5 级；车削为 IT9～IT7 级；刨削为 IT10～IT8；锻造及砂型铸造为 IT16～IT15。

二、形位公差

形位公差包括零件的形状和位置公差，形状公差是指单一零件的实际形状相对于理

想形状允许的变动全量。国家标准规定有直线度、平面度、圆柱度等。位置公差是指关联零件的实际位置相对于理想位置允许的变动全量。国家标准规定有平行度、垂直度、同轴度等。

表 1-3 为国家标准《形状和位置公差》规定的形位公差项目及符号。

表 1-3　　　　　　　　　　　　　形位公差项目及符号

分类	特征项目	符号	分类		特征项目	符号
形状公差	直线度	—	位置公差	定向	平行度	//
	平面度	▱			垂直度	⊥
	圆度	○			倾斜度	∠
	圆柱度	⌖		定位	同轴度	◎
	线轮廓度	⌒			对称度	＝
					位置度	⊕
	面轮廓度	⌓		跳动	圆跳动	↗
					全跳动	↗↗

一般零件通常只规定尺寸公差。对要求较高的零件，除了规定尺寸公差以外，还规定其所需要的形状公差及位置公差。

三、表面粗糙度

表面粗糙度是指加工表面具有的较小间距和微小峰谷的平面度。其两波峰或两波谷之间的距离（波距）很小（在 1mm 以下），它属于微观几何形状误差。表面粗糙度值越小，则表面越光滑。表面粗糙度一般是由所采用的加工方法和其他因素所形成的，例如加工过程中刀具与零件表面间的摩擦、切屑分离时表面层金属的塑性变形以及工艺系统中的高频振动等。由于加工方法和工件材料的不同，被加工表面留下痕迹的深浅、疏密、形状和纹理都有差别。表面粗糙度与机械零件的配合性质、耐磨性、疲劳强度、接触刚度、振动和噪声等有密切关系，对机械产品的使用寿命和可靠性有重要影响。

1. 表面粗糙度的评定参数

常用表面粗糙评定参数有下列三项：

Ra——轮廓算术平均偏差；

Rz——微观平面度十点高度；

Ry——轮廓最大高度。

（1）轮廓算术平均偏差 Ra：取样长度内，被测轮廓上各点至基准线距离（偏距）绝对值的算术平均值。实际测量 n 有效数，测量次数越多，Ra 越准确，Ra 越大，表面越粗糙。

（2）微观平面度十点高度 Rz：取样长度 L 内，被测表面 5 个最大轮廓峰高的平均值与 5 个最大轮廓谷深平均值之和。Rz 和 Ra 比较，测点少，故 Ra 更客观反映工件表面实际情况。

（3）轮廓大高度 Ry：取样长度内轮廓高峰和轮廓低谷之间距离。

Ra 能客观反映工表面实际情况，常用表示零件表面粗糙度。

国家规定了评定表面粗糙度的参数值。轮廓算术平均偏差 Ra 数值见表 1-4。

表 1-4   **Ra 的数值**

基本系列	补充系列	基本系列	补充系列	基本系列	补充系列	基本系列	补充系列
	0.008						
	0.010						
0.012			0.125		1.25	12.5	
	0.016		0.160	1.6			16
	0.020	0.20			2.0		20
0.025			0.25		2.5	25	
	0.032		0.32	3.2			32
	0.040	0.40			4.0		40
0.050			0.50		5.0	50	
	0.063		0.63	6.3			63
	0.080	0.80			8.0		80
0.100			1.00		10.0	100	

表 1-5 为常见加工方法所能达到的表面粗糙度 Ra 值。

表 1-5   **常见加工方法所能达到的表面粗糙度 Ra 值**

加工方法			$Ra/\mu m$	表面特征
粗车、粗镗、粗铣、粗刨、钻孔			50	明显可见刀痕
			25	可见刀痕
			12.5	微观刀痕
精铣、精刨	半精车		6.3	可见加工痕迹
			3.2	微见加工痕迹
	精车		1.6	不见加工痕迹
粗磨、精车			0.8	可辨加工痕迹的方向
精磨			0.4	微辨加工痕迹的方向
刮削			0.2	不辨加工痕迹的方向
精密加工			0.1～0.008	按表面光泽判别

零件的表面粗糙度可用标准样块比较测定。可以用肉眼观察，或用手指抚摸，或依靠指甲在表面上轻轻划动时的感觉来判断。表面粗糙度的检测方法还有针描法、光切法和干涉法。

表面粗糙度与尺寸精度有一定的联系。一般说来，尺寸精度越高，表面粗糙度 Ra 值越小。但是，表面粗糙度 Ra 值小，尺寸精确程度不一定高，如手柄、手轮表面等，其表面粗糙度 Ra 值较小，尺寸精度却不高。

2. 图样上表示表面粗糙度的符号

√基本符号，表示表面可用任何方法获得。当不加注粗糙度参数值或有关说明（例如：表面处理、局部热处理状况等）时，仅适用于简化代号标注。

√基本符号加一短划，表示表面是用去除材料的方法获得。例如：车、铣、钻、磨、剪切、抛光、腐蚀、电火花加工、气割等。

√基本符号加一小圆，表示表面是用不去除材料的方法获得。例如：铸、锻、冲压变形、热轧、冷轧、粉末冶金等。

$\overset{3.2}{\underset{1.6}{\sqrt{}}}$用去除材料方法获得的表面粗糙度，$Ra$ 的上限值为 $3.2\mu m$，Ra 的下限值为 $1.6\mu m$。

$\overset{Rz200max}{\sqrt{}}$用不去除材料方法获得的表面粗糙度，$Rz$ 的最大值为 $200\mu m$。

四、配合与公差

配合是指公称尺寸相同的，相互结合的孔和轴公差带之间的关系称为配合。由于轴和孔的实际尺寸可能不同，装入后可以表现出松紧程度不同的配合性质。主要有过盈配合、间隙配合、过渡配合三种。

1. 过盈配合

当轴大于孔时，轴和孔的实际尺寸之差称为过盈。具有过盈的配合，称为过盈配合。为了使轴和孔有适合要求的紧度，这个过盈不能小于一定数值，不然，就得不到需要的紧度。同时，这个过盈也不能大于一定的数值，不然，装配时就需要很大的力，而且会有损坏外面那个零件的危险。这样看来，了解这个配合的过盈范围是非常重要的。也就是说，对每一种过盈配合，都必须规定了最大过盈和最小过盈。

（1）最大过盈，当轴大于孔时，轴的最大极限尺寸与孔的最小极限尺寸的差，称为最大过盈。

（2）最小过盈，当轴大于孔时，轴的最小极限尺寸与孔的最大极限尺寸的差，称为最小过盈。

例：如图 1-34 所示，孔径 $100^{-0.050}_{-0.085}$，轴径 $100^{-0.140}_{-0.105}$，求过盈差是多少？

解： 孔的最大极限尺寸＝99.950mm

孔的最小极限尺寸＝99.915mm

轴的最大极限尺寸＝100.140mm

轴的最小极限尺寸＝100.105mm

最大过盈＝轴的最大极限尺寸－孔的最小极限尺寸

＝100.140mm－99.915mm＝0.225mm

最小过盈＝轴的最小极限尺寸－孔的最大极限尺寸

＝100.105mm－99.950mm＝0.155mm

过盈差＝0.225mm－0.155mm＝0.070mm

2. 间隙配合

当轴比孔小时，轴与孔的实际尺寸之差称为间隙，具有间

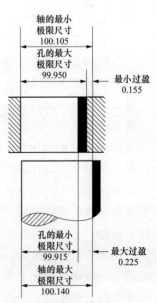

图 1-34 过盈配合示意图

隙的配合称为间隙配合。为了得到轴和孔有适当要求的配合，这个间隙不能大于一定的数值，也不能小于一定数值。因此，对于每种间隙配合都要规定出最大间隙和最小间隙。

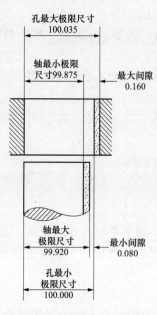

图 1-35　间隙配合示意图

（1）最大间隙，当孔大于轴时，孔的最大极限尺寸与轴的最小极限尺寸之差称为最大间隙。

（2）最小间隙，当孔大于轴时，孔的最小极限尺寸与轴的最大极限尺寸之差称为最小间隙。

例：如图 1-35 所示，孔径 $100 {}^{+0.035}_{0}$，轴径 $100 {}^{-0.080}_{-0.125}$，求间隙差是多？

解：孔的最大极限尺寸＝100.035mm

　　　孔的最小极限尺寸＝100.000mm

　　　轴的最大极限尺寸＝99.920mm

　　　轴的最小极限尺寸＝99.875mm

最大间隙＝孔的最大极限尺寸－轴的最小极限尺寸

　　　　＝100.035mm－99.875mm＝0.160mm

最小间隙＝孔的最小极限尺寸－轴的最大极限尺寸

　　　　＝100.000mm－99.920mm＝0.080mm

间隙差＝0.160mm－0.080mm＝0.080mm

间隙差和过盈差统称为配合公差，它永远是孔公差和轴公差之和。

3. 过渡配合

在孔与轴的配合中，孔与轴的公差带互相交迭，任取其中一对孔和轴相配，可能具有间隙，也可能具有过盈的配合，它是介于间隙和过盈之间的一种配合，称为过渡配合。

例：如图 1-36 所示，孔径 $40 {}^{+0.027}_{0}$，轴径 ${}^{+0.080}_{-0.008}$。

解：孔的最大极限尺寸＝40.027mm

　　　孔的最小极限尺寸＝40.000mm

　　　轴的最大极限尺寸＝40.008mm

　　　轴的最小极限尺寸＝39.992mm

最大间隙＝40.027mm－39.992mm＝0.035mm

最小间隙＝40.000mm－40.008mm＝－0.008mm

实际最大过盈为 0.008 mm

配合公差＝0.035mm－（－0.008）mm＝0.043 mm

在各种配合中，有时要的是间隙配合，可有的情形下间隙要大些，有的情形间隙又要小些。这种情形对过盈配合也一样。因此，在实际应用上，为使零件能达到配合，规定了公差范围来表示各种配合。又为了使零件的尺寸达到最大程度的统一，就可以用一个零件的公差范围固定，而只改变另一个零件的公差范围，来达到过盈、间隙和过渡配合。为此，国家标准规定了两种基准制，即基孔制和基轴制。

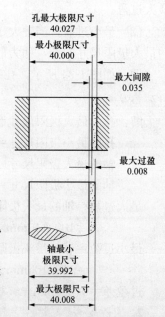

图 1-36　过渡配合示意图

五、配合的代号和种类

配合代号，国家标准规定用孔、轴公差带组合表示，写成分数形式，分子为孔的公差带；分母为轴的公差带，如图 1-37 所示。

从图 1-37 可以看出，凡分子中含有 H 的均为基孔制配合；凡分母中含有 h 的均为基轴制配合。而分子中含有 H，分母中也同时含有 h 的配合（如 $\phi25H8/h7$、$\phi50H9/h9$），一般可视为基孔制配合，也可视为基轴制配合，这是最小间隙为零的一种间隙配合。

配合举例

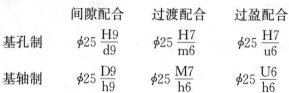

	间隙配合	过渡配合	过盈配合
基孔制	$\phi25\dfrac{H9}{d9}$	$\phi25\dfrac{H7}{m6}$	$\phi25\dfrac{H7}{u6}$
基轴制	$\phi25\dfrac{D9}{h9}$	$\phi25\dfrac{M7}{h6}$	$\phi25\dfrac{U6}{h6}$

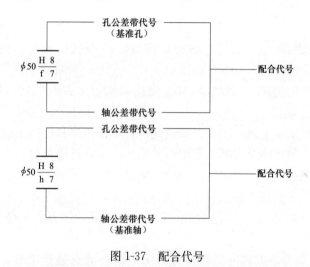

图 1-37　配合代号

第四节　金工实习安全操作规程

实习中如果实习人员不遵守工艺操作规程或者缺乏一定的安全知识，很容易发生机械伤害、触电、烧伤等工伤事故，因此必须对实习人员进行安全生产教育。

安全生产的基本内容就是安全，为了更好地生产，生产必须安全。生产最基本的条件是保证人和设备在生产中的安全。人是生产中决定因素，设备是生产的手段，没有人和设备的安全，生产就无法进行。人的安全尤为重要。

安全生产是我国在生产建设中一贯坚持的方针。我国对不断改善劳动条件、做好劳动保护工作、保证生产者的健康和安全历来十分重视，国家早在 1956 年就制定并颁布了

《工厂安全卫生规程》，为安全生产指明了方向。该规程目前已被《中华人民共和国职业病防治法》《中华人民共和国安全生产法》替代。

实习中的安全技术有冷热加工安全技术和电气安全技术等。

热加工一般指铸造、锻造、焊接和热处理等工种，特点是生产过程伴随着高温、有害气体、粉尘和噪声，这些都严重恶化了劳动条件。热加工工伤事故中，烧伤、喷溅和砸碰伤害约占事故的 70%，应引起高度重视。

冷加工主要是指车、铣、刨、磨和钻等切削加工，其特点是使用的装夹和被切削的工件或刀具间不仅有相对运动，而且速度较高。如果设备防护不好，操作者不注意遵守操作规程，很容易造成人身伤害。

电力传动和电气控制在加热、高频热处理和电焊等到方面的应用十分广泛，实习时必须严格遵守电气安全守则，避免触电事故。

各工种的安全技术如下，在实习中务必严格遵守。

一、钳工实习安全操作规程

（1）进入车间实习时，要穿好工作服，袖口要扎紧，衬衫要系入裤内。长发同学戴工作帽，并将长发纳入帽子内。不得穿拖鞋、高跟鞋、背心、裙子和戴围巾进入车间。

（2）严禁在车间内追逐、打闹、喧哗、阅读与实习无关的书刊、背诵外语单词、收听广播、MP3 和玩手机等。

（3）应在指定的工位上进行实习。未经允许，不得擅离自己的工位。

（4）夹持工件必须正确及夹紧。台虎钳要爱护，不准乱敲乱打。

（5）禁止使用无柄锉刀、刮刀，手锤的锤柄必须安装牢固。

（6）量具不能与工具或工件混放在一起，应放在量具盒或专用板架上。

（7）铁屑应用毛刷清理，不许用嘴吹锉屑、用手擦拭锉刀和工件表面，以免锉屑吹入眼中、锉刀打滑等。

（8）做到文明实习，工作完后，及时关闭电源，清点整理工具、量具。钳台上下、地面保持整齐清洁。及时维护工具、量具。

二、钻床安全操作规程

（1）操作前要穿紧身防护服，袖口扣紧，上衣下摆不能敞开，严禁戴手套。不得在开动的机床旁穿、脱换衣服，或围布于身上，防止机器绞伤。长发者必须戴好安全帽，长发应放入帽内，不得穿裙子、拖鞋。

（2）开车前应检查机床传动是否正常，工具、电气、安全防护装置、冷却液挡水板是否完好，钻床上保险块、挡块不准拆除，并按加工情况调整使用。

（3）摇臂钻床在校夹或校正工件时，摇臂必须移离工件并升高，并制动好车。必须用压板压紧或夹住工件，以免回转甩出伤人。

（4）钻床床面上不要放其他东西。换钻头、夹具及装卸工件时须停车进行。带有毛刺和不清洁的锥柄，不允许装入主轴锥孔。装卸钻头要用楔铁，严禁用手锤敲打。

（5）钻小的工件时，要用台虎钳，钳紧后再钻。严禁用手去停住转动着的钻头。

（6）薄板、大型或长形的工件竖着钻孔时，必须压牢并严禁用手扶着加工。工件钻通孔时应减压慢速，防止损伤平台。

（7）钻床开动后，严禁戴手套操作，清除铁屑要用刷子，禁止用嘴吹。

（8）钻床上及摇臂转动范围内，不准堆放物品，应保持清洁。

（9）工作完毕后，应切断电源，卸下钻头，主轴箱必须靠近上端，将横臂下降到立柱的下部边端，并制动好车，以防止发生意外。同时清理工具，做好机床维护工作。

三、砂轮机安全操作规程

（1）砂轮机必须有防护罩，起动时人须站两侧，待其正常运转后，方可使用，不准两人同时使用一块砂轮。

（2）发现砂轮有裂纹或不良情况，未排除前，不准开动砂轮机。

（3）刃磨时不准戴手套，并要拿稳刀具，不准敲击砂轮，以防砂轮破裂伤人，刃磨时人应站在砂轮两侧，以防砂轮反出伤人。

（4）禁止在砂轮机上磨大件及铅、铜、铝、锡、木材等物。

（5）较薄的砂轮禁止在两侧面磨，砂轮的螺母要紧固好。

（6）砂轮与磨架的间隙为 3cm 适宜。

（7）磨刀时必须戴好防护眼镜。

（8）砂轮机与夹板间嵌有厚度均匀的弹性垫圈。

（9）砂轮外圆磨损后，应及时调整砂轮，以保证安全。

（10）人走关机，经常保持砂轮机间清洁。

（11）经常检查砂轮机是否安全可靠。

四、车工实习安全操作规程

（1）工作时应穿工作服，扎紧袖口，戴防护眼镜，长发同学应戴工作帽，将长发塞入帽子里，禁止穿裙子、短裤和凉鞋上机操作。

（2）工作中，必须集中精力，不允许擅自离开机床或做与车床工作无关的事，手和身体不能靠近正在旋转的工件或车床部件的转动部位。

（3）工件和车刀必须装夹牢固，卡盘必须装有保险装置，装夹好工件后，卡盘扳手必须随即从卡盘上取下。

（4）凡装卸工件、更换刀具、测量加工表面及变换速度时，必须先停车。

（5）应用专用铁钩清除铁屑，绝不允许用手直接清除。

（6）在车床上操作不准戴手套。

（7）毛坯棒料从主轴孔尾端伸出不得过长，如伸出长度超过 300mm，应使用料架或挡板，防止甩弯伤人。

（8）不要随意拆装电气设备，以免发生触电事故。

（9）工作中发现机床、电气设备有故障，应及时申报，由专业人员检修，未修复不得使用。

（10）磨刀时，应戴防护眼镜，操作者应尽量避免正面面对砂轮而应站在砂轮的侧面，以防止砂粒飞入眼内或砂轮碎裂飞出伤人。

五、焊工实习安全操作规程

（1）学生实习前必须穿好工作服，佩戴好防护用品，提前 5min 进入实习课堂，准备上课。实习期间不经老师同意不得私自离开场地。

（2）服从实习指导教师的指挥。学生按老师分配的工位进行练习，不得串岗，集中精力，认真操作，勤学苦练。

（3）操作前穿戴必需的防护用品，检查电焊机电线及接地线情况，禁止用未修好的焊接设备带病工作，电焊现场 10m 以内不许存放易燃品。

（4）操作中不需将焊接物压在电线上，脚不要踏在地线接头上，电焊机外壳必须妥善接地。

（5）焊接装过油类或其他易燃品的容器，必须清理干净后方可焊接。

（6）操作中离开工作岗位，一定要拉下电焊机电源开关，操作完毕后拉下电源闸刀，清理工作场地，收拾电线，注意防火安全。

（7）爱护工位设备，不得私开他人工具箱，未经同意，不得拿用其他人的工具。

（8）除开机、关机和调节电流外，不得随意搬动、调节电焊机。

（9）实习中，节约试件、焊条，节约用电，不开无人焊机，中断焊接时，焊钳要放在安全地方，严禁接地短路，停时要关闭焊机。

（10）保持工作场所整洁，做到文明生产，下课后要进行全面清扫场地（焊条头和废钢板，清理干净；维护好设备，收拾好工具，值日生应切断一切电源，关好门窗）。

六、刨工实习安全操作规程

（1）检查穿戴，不准戴围布、手套，不准穿拖鞋、凉鞋，均应穿长裤。长发同学应戴好工作帽，头发盘入帽内。

（2）工件、刀具必须装夹牢固，安全可靠，工件定位合理，禁止用扳手代替锤子敲打工件。

（3）开机时应注意机床周围情况，两人以上操作一台机床时须密切配合，开机时应互相提醒，一人在进行装夹测量调整时，另一个不能开机床。

（4）调整机床，装卸工件、测量工件必须先停车。

（5）机床运行时，不得戴手套操作，严禁测量和用手触摸工件。

（6）清除铁屑时，只允许用毛刷，禁止用手直接清理或嘴吹。

（7）工件台前不能站人，也不要把头、手伸到刀架头检查工件。

（8）工作时要精神集中，禁止闲聊，擅离机床。

（9）工作结束后，要清理好机床，切断电源，收好工具、量具、刃具，搞好场地卫生。

七、铣工安全操作规程

（1）检查穿戴，不准戴围布、手套，不准穿拖鞋、凉鞋，均应穿长裤。长发同学应戴好工作帽，头发盘入帽内。

（2）安装刀杆、支架、垫圈、分度头、台虎钳、刀盘等，接触面均应擦干净。

（3）工件毛面不许直接压在工作台面或钳口上，必要时加垫。

（4）要换刀杆、刀盘、立铣头，铣刀时，均应停车。拉杆螺纹松脱后，注意避免砸手或操作机床。

（5）万能铣垂直进刀时，工件装卡要与工作台有一定的距离。

（6）在进行顺铣时一定要清除丝杠与螺母之间的间隙，防止打坏铣刀。

（7）刀杆垫圈不能做其他垫用，使用前要检查平面度。

（8）开快速时，必须使手轮与转轴脱开，防止手轮转动伤人。

（9）高速铣削时，要防止铁屑伤人，并不准急刹车，防止将轴切断。

（10）铣床的纵向、横向、垂直移动，应与操作手柄指的方向一致。否则不能工作。铣床工作时，纵向、横向、垂直的自动走刀只能选择一个方向，不能随意拆下各方向的安全挡板。

八、磨工安全操作规程

（1）检查穿戴，不准戴围布、手套，不准穿拖鞋、凉鞋，均应穿长裤。长发同学应戴好工作帽，头发盘入帽内。

（2）安装新砂轮动作要轻，同时垫上比砂轮直径约小 1/3 的软垫，并用木锤轻轻打，无杂音后方可开动。操作者侧站机旁，空转试车 10min，无偏摆和振动后方能使用。

（3）砂轮要清洁，开车前要检查手柄和行程限位挡块的位置是否正确。

（4）当砂轮快速接近工件时，要改用手摇，并用心观察工件有无凸起和凹陷。

（5）使用顶尖的工件，要检查中心孔的几何形状，不正确的要及时修正，磨削过程中不准松动。

（6）平磨工作台使用快速时，要注意其终点。接触面积小的工件磁力不易吸住时，必须加挡块，磁盘吸力减弱时应立即停磨。

（7）砂轮未完全静止状态时，不许清理冷却液、磨屑或更换工件。

（8）平磨砂轮的最大伸出量不得超过 25mm，砂轮块要平行。

（9）平磨的砂轮损耗 1/2 后，重新紧固的压板不许倾斜。

（10）平磨工件要有基准面，如有飞刺等物要清理干净。

（11）要选择与工件材料相适应的切削液，磨削时要连续开放和调整好切削液的流量。

（12）砂轮不锋利要用金刚石修理。进给量为 0.015～0.02mm，并须充分冷却。

（13）磨床专用砂轮，不许代替普通砂轮使用。

量具使用技能训练

一、游标卡尺测量各种长度尺寸的练习

1. 练习方法

用游标卡尺测量图 1-38 和图 1-39 中所示的两个轴套类零件，并在图中标出相应的尺寸。

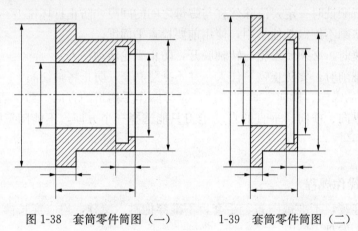

图 1-38　套筒零件简图（一）　　　1-39　套筒零件简图（二）

2. 要求

游标卡尺使用方法正确，内、外各尺寸的测量误差不得大于±0.02mm。

二、外径千分尺测量外尺寸的练习

1. 练习方法

用外径千分尺测量图 1-40 和图 1-41 所示零件中的外径尺寸，并在表中标出相应的实际尺寸。

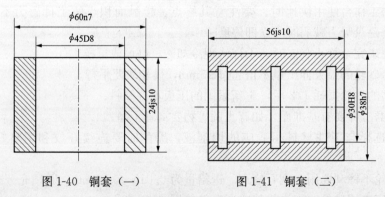

图 1-40　铜套（一）　　　　　图 1-41　铜套（二）

2. 要求

外径千分尺使用方法正确，各外尺寸的测量误差不得大于±0.01mm。

测量报告单 1

被测件名称	铜套		图号	
送检单位	×××		送检数量	1
测量结果/mm				
被测值	精度要求		测量的实际偏差值	
$\phi 60n7$	上偏差:	下偏差:		
$\phi 45D8$	上偏差:	下偏差:		
24js10	上偏差:	下偏差:		
测量器具			结论	
测量日期	年　　月　　日		测量者	

测量报告单 2

被测件名称	铜套		图号	
送检单位	×××		送检数量	1
测量结果/mm				
被测值	精度要求		测量的实际偏差值	
$\phi 38h7$	上偏差:	下偏差:		
$\phi 38H8$	上偏差:	下偏差:		
56js10	上偏差:	下偏差:		
测量器具			结论	
测量日期	年　　月　　日		测量者	

第二章

钳工基础知识和技能训练

第一节 钳 工 简 介

一、钳工简介

随着社会和生产技术的不断发展，钳工已成为现代工业中一个专门的工种。从制造机器零件到装配机器，钳工都是不可缺少的。

一般来说，钳工是利用台虎钳和各种手工具及设备，来完成目前机械加工中还难以完成的工件。一部机器是由许多不同的零件组成的，这些零件经过各工种加工完成以后，需要装配；使用日久和损坏了的机器，也需要修配；另外，精密的量具、样板、夹具和模具等的制造，这些工件用机械难以独立完成，都离不开钳工。因此，在工业生产部门中，钳工和其他工种一样，占有很重要的地位。

随着科学技术的发展，现代化机械设备不断出现，对钳工要求也越来越高，因此，要求钳工不断总结经验，积极改革工具和改进工具。用机械化代替手工操作。

钳工是一种比较复杂、细致、技术要求高、实践能力强的工种，基本工艺包括零件的测量、划线、錾削、锯削、锉削、钻孔、扩孔、锪孔、铰孔、攻螺纹与套螺纹，矫直、弯曲、铆接、钣金下料以及装配等。从机器零件要进行加工制造的毛坯划线开始，到加工完后再修整镶合组成各部件，各部件再相互配合，最后装配组成机器，这些都是钳工的工作范围。

随着机械工业的发展，钳工的工作范围日益广泛，需要掌握的技术知识和技能也越来越多，以致形成了钳工专业的分工，如普通钳工、划线钳工、制造钳工、修配钳工、装配钳工、模具钳工、工具样板钳工、安装钳工、钣金钳工和各种专业检修钳工等。

钳工的特点：

(1) 使用的工具简单，操作灵活。

(2) 可以完成机械加工不便加工或难以完成的工作。

(3) 劳动强度大、生产效率低。

二、钳工的主要设备

钳工常用的主要设备包括钳工工作台、台虎钳等。

1. 钳工工作台

钳工工作台一般是用木材或铸铁制成的，如图 2-1 所示。要求坚实和平稳，台面高度为800～900mm，一般以装上台虎钳后钳口高度恰好与人手肘平齐为宜，如图2-2所示。工作台上装有防护网，工具和量具须分类放置在规定的位置或抽屉内。

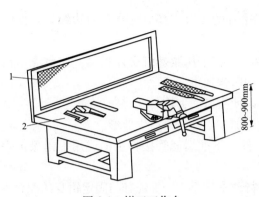

图2-1　钳工工作台

1—防护网；2—量具单放处

图2-2　台虎钳的合适高度

2. 台虎钳

台虎钳是用来夹持工件，有固定式和回转式两种，如图2-3所示。按外形功能分：有带砧和不带砧两种，如图2-4所示。台虎钳的规格以钳口的宽度来表示，常用的有100、125、150mm等几种。

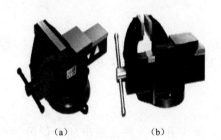

（a）　　　　　　　（b）　　　　　　　（a）　　　　　　　（b）

图2-3　台虎钳按回转分类　　　　图2-4　台虎钳按外形功能分

（a）回转式；（b）固定式　　　　（a）带砧式；（b）不带砧式

台虎钳由钳体、底座、导螺母、丝杠、钳口体等组成，如图2-5所示。活动钳身通过导轨与台虎钳固定钳身的导轨作滑动配合。丝杠装在活动钳身上，可以旋转，但不能轴向移动，并与安装在固定钳身内的丝杠螺母配合。摇动手柄使丝杠旋转，就可以带动活动钳身相对于固定钳身作轴向移动，起夹紧或放松的作用。弹簧借助挡圈和开口销固定在丝杠上，其作用是当放松丝杠时，可使活动钳身及时地退出。在固定钳身和活动钳身上，各装有钢制钳口，并用螺钉固定。钳

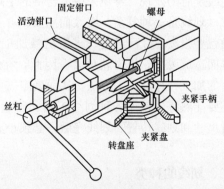

图2-5　台虎钳的结构图

口的工作面上制有交叉的网纹，使工件夹紧后不易产生滑动。钳口经过热处理淬硬，具有较好的耐磨性。固定钳身装在转座上，并能绕转座轴心线转动，当转到要求的方向时，

扳动夹紧手柄使夹紧螺钉旋紧，便可在夹紧盘的作用下把固定钳身固紧。转座上有三个螺栓孔，用以与钳台固定。

使用台虎钳时，应注意以下几点：

（1）台虎钳在安装时，必须使固定钳身的钳口一部分处在钳台边缘外，保证夹持长条形工件时，工件不受钳台边缘的阻碍。

（2）台虎钳一定牢固地固定在钳台上，三个压紧螺钉必须扳紧，使台虎钳钳身在加工时没有松动现象，否则会损坏台虎钳和影响加工。

（3）工件应夹在台虎钳钳口中部，以使钳口受力均匀。

（4）夹紧后的工件应稳固可靠，便于加工，并且不产生变形。

（5）只能用手扳紧摇动手柄夹紧工件，不准用套管接长手柄或用手锤敲击手柄，以免损坏台虎钳螺母。

（6）不要在活动钳身的光滑表面进行敲击作业，以保证其与固定钳身的配合性能。

（7）加工时用力方向最好是朝向固定钳身。

（8）对丝杠、螺母等活动表面应经常清洗、润滑，以防生锈。

第二节　划　　　线

划线是钳工的一种基本操作。根据图样的尺寸，准确地在毛坯或已加工工件表面上划出加工界线，这种操作称为划线。划线是钳工应该掌握的基本功。

一、划线的作用

通过划线，明确地表达出表面的加工余量，确定孔的位置或划出加工位置的找正线，使机械加工有标志和依据。通过划线，检查毛坯外形各部尺寸是否合乎要求。有些毛坯加工余量小时，可以通过划线借料的方法补偿；无法补救的误差大的毛坯，也可以通过划线及时的发现，避免采用不合格的毛坯，以免浪费机械加工工时。

划线是一种复杂、细致而重要的工作。它直接关系到产品质量好坏。线若划错，工件就要报废。在已经进行多道机械加工的光坯上划线，若划线时因为粗心大意，看错图样而造成废品，损失就更大。因此，在划线前首先看清图样，了解零件的作用，分析零件的加工程序和加工方法，从而确定需要加工的余量和在工件表面上划出哪些线。此外，还要能熟练地使用各种划线工具和测量工具。划线时，要认真细致，全神贯注，反复核对尺寸和划线位置。划线完后，必须小心仔细地检查，避免出错。

二、划线的种类

划线作业可分两种。

1. 平面划线

在工件的一个表面上划线，称为平面划线，如图 2-6 所示。

2. 立体划线

在毛坯或工件的几个表面上进行划线，称为立体划线，如图 2-7 所示。

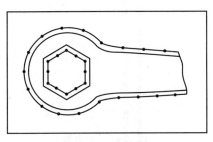

图 2-6　平面划线

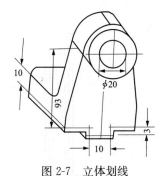

图 2-7　立体划线

三、划线工具

划线工具按用途可分为以下几类：基准工具、量具、绘划工具和夹持工具等。

1. 基准工具

划线平台是划线的主要基准工具，如图 2-8 所示。划线平台是一块铸铁平台。它的上平面经过精刨和刮削，表面粗糙度值较小，作为划线时放置工件的基准。一般平台用木架支撑，要保持水平。平台除放置工件外，还放置划线时用的有关工具。划线平台要经常保持清洁，不得用硬质的工件或工具敲击工作面。在较大毛坯工件上划线时，工件下面要垫起，以防碰伤平台工作面，影响其平面度及划线质量。划线平台长期不用时，应涂油防锈，并加盖保护罩。

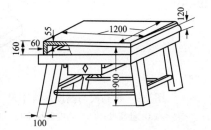

图 2-8　划线平台

2. 量具

量具有钢直尺、90°角尺、高度尺等。普通高度尺又称量高尺，如图 2-9（a）所示，由钢直尺和底座组成，使用时配合划线盘量取高度尺寸。高度游标卡尺，如图 2-9（b）所示，能直接表示出高度尺寸，其读数精度一般为 0.02mm，可用为精密划线工具。

3. 绘划工具

绘划工具有划针、划规、划卡、划线盘和样冲。

（1）划针。是在工件表面上，沿着钢直尺、90°角尺或样板划线的工具，如图 2-10 所示。常用的划线是用 $\phi3\sim\phi4$mm 弹簧钢丝制成的。划线一般长度为 200～300mm，其尖端磨成 15°～20°，并经过淬火硬化。有的划针也在其尖端部位焊有硬质合金，这样划针更锐利，耐磨性更好。

弯头划针用在直线划针划不到的地方。使用划针线的正确方法如图 2-11 所示，划线时，划针要依靠钢直尺或 90°角尺等导向工具而移动，并向外侧倾斜 15°～20°，向划线方向倾斜 45°～75°。划线时，要做到尽可能一次划成，使线条清晰、准确。

（2）划规。它的用途很多，可以把钢直尺上量取的尺寸用划规移到工件上划分线段、划圆周或曲线、测量两点距离等。常用的划规如图 2-12 所示。

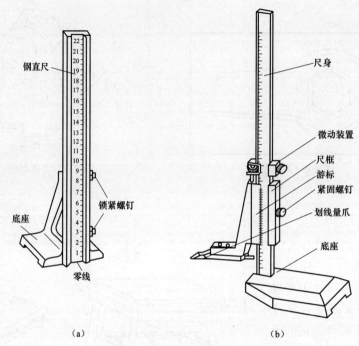

图 2-9　量高尺与高度游标卡尺

（a）量高尺；（b）高度游标卡尺

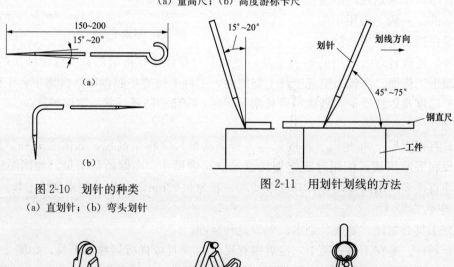

图 2-10　划针的种类

（a）直划针；（b）弯头划针

图 2-11　用划针划线的方法

图 2-12　划规的种类

划规用工具钢制成，两脚尖部要经过淬火硬化，并且要保持锐利。为使脚尖耐磨，也可在两脚尖部焊上硬质合金。为保证划线准确，对划规有如下要求：

1）划规两脚的长度要一致，脚尖要靠紧，以利划小圆。

2）两脚开合松紧要适当，以免划线时发生自动张缩，影响划线质量。

3）在使用划规作线段、圆周、划角度时，要以一脚尖为中心，加以适当压力，以免滑位。

4）划规在钢直尺上量取尺寸时，必须量准，以减少误差，要反复地量几次。

划直径超过 250mm 的圆时，可用特殊的大尺寸划规（地规），如图 2-13 所示。它由一根圆管和装有划针的两个套管组成，套管可在圆管上移动，以调节划针间的距离，其中一个套管还可以微量调节。

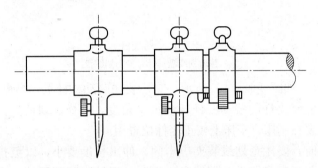

图 2-13　大尺寸划规

（3）划卡。划卡又称单脚划规，主要是有来确定轴和孔的中心位置，其使用方法如图 2-14 所示。操作时应先划出 4 条圆弧，然后再在圆弧中冲一样冲点。

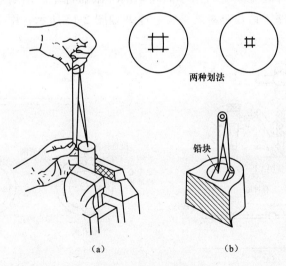

图 2-14　用划卡定中心

（a）定轴中心；（b）定孔中心

（4）划线盘。是在工件上划线和校正工件位置常用的工具。主要有以下两种：

1）普通划线盘，如图 2-15（a）所示，划针的一端焊上硬质合金，另一端弯头是校正工件用的。

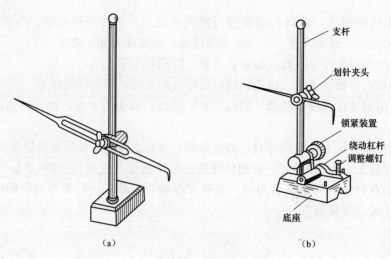

图 2-15　划线盘

(a) 普通划线盘；(b) 精密划线盘

2）精密划线盘，如图 2-15 (b) 所示，支杆装在跷动杠杆上，是可做微调的划线盘，旋转调整螺钉，使装有支杆的跷动杠杆转动很小角度，这样，划针尖就有微量的上下移动。这种划线盘主要在刨床、车床上校正工件位置用。

用划线盘划线时，要注意划线装夹应牢固，伸出长度要小，以免抖动。其底座要与划线平台紧贴，不要摇晃和跳动。划线盘不用时，划针尖要朝下放，或在划针尖上套一段塑料管，不使针尖露出。

(5) 样冲。在加工过程中，工件上已划好的线有些可能被擦掉。为了便于看清所划的线，划线后要用样冲在线条上打出小而均匀的冲眼做标记。用划规划圆和钻孔时，也要在中心打样冲眼，便于钻孔时对准钻头。样冲如图 2-16 所示，用工具钢制成，尖端处磨成 45°～60°并经过淬火硬化。

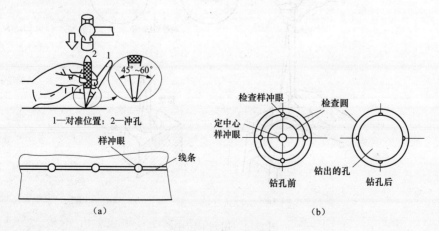

图 2-16　打样冲眼

(a) 样冲眼及用法；(b) 样冲眼的作用

冲眼时要注意以下几点：

1）冲眼位置要准确，中心不能偏离线条。

2）冲眼间的距离要以划线的形状和长短而定，直线可稀，曲线则稍密，转折交叉点处需打冲眼。

3）冲眼的大小要根据工件材料、表面情况而定，薄的可浅些，粗糙的应深些，软的应轻些，而精加工表面一般不允许冲眼。

4）钻孔时圆心处的冲眼，应打得大些，便于钻头定位、对中。

4. 夹持工具

夹持工具有方箱、千斤顶、V形铁等。

（1）方箱。是用铸铁制成的空心立方体，各面经过精密加工，相对平面互相平行，相邻平面互相垂直。它用于平持工件，并能很方便地翻转工件的位置，划出垂直线。上面设有V形槽和压紧装置。如图2-17所示。小型工件和带有圆柱体部分工件，可压紧在方箱上或方箱上的V形槽内划线。

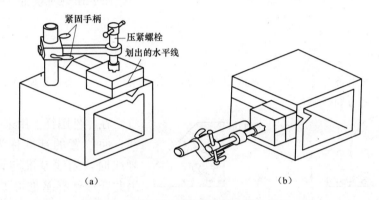

图 2-17 用方箱夹持工件

(a) 将工件压紧在方箱上，划出水平线；(b) 方箱翻转 90°划出垂直线

（2）千斤顶。通常三个为一组，一般用来支持形状不规则、带有伸出部分或较重的工件，进行校验、找正、划线。千斤顶的结构如图2-18所示。

（3）V形铁。主要用来支撑轴、套筒、圆盘形、圆形工件，以便于找中心与划出中心线。通常V形铁都是一副两块一起使用，如图2-19所示。

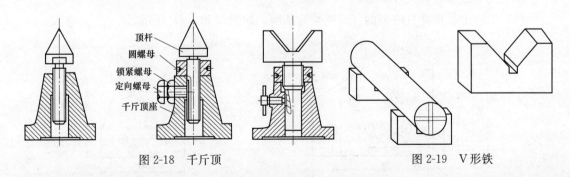

图 2-18 千斤顶　　　　　　　　　　图 2-19 V形铁

（4）直角弯板和C形夹钳。直角弯板由铸铁制成，经过刨或刮削，它的两个平面的垂直精度较高。直角弯板上的孔或槽是搭压板时穿螺钉用的，如图2-20所示。主要用途和直角箱相似，用来划大型笨重的工件上的垂线，或借助于C形夹钳和压板螺丝把工

件夹紧在平面上划线。直角弯板精度：0级、1级、2级、3级。C形夹钳如图2-21所示。

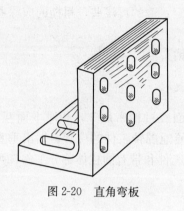

图2-20 直角弯板

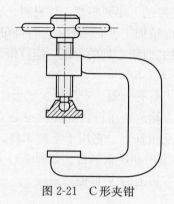

图2-21 C形夹钳

四、划线基准

用划线盘划出各水平线时，应选定某一基准作为依据，并以此来调节每次划线的高度，这个基准称为划线基准。

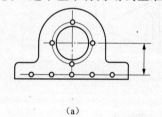

（a）

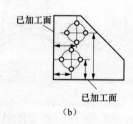

（b）

图2-22 划线基准

（a）以孔的轴线为基准；（b）以已加工面为基准

在零件图样上用来确定其他点、线、面位置的基准称为设计基准。划线时，划线基准与设计应一致，因此合理选择基准可提高划线质量和划线速度，并避免由失误造成的划线错误。

选择划线基准的原则：一般选择重要孔的轴线为划线基准，如图2-22（a）所示。若工件上个别平面已加工过，则应以加工过的平面为划线基准，如图2-22（b）所示。

常见的划线基准有三种类型：

（1）以两个互相垂直的平面（或线）为基准，如图2-23（a）所示。

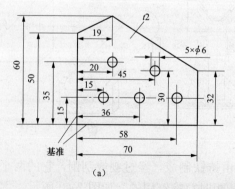

（a）

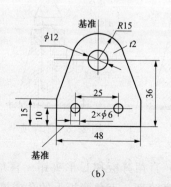

（b）

图2-23 划线基准种类（一）

（a）以两个互相垂直的平面（或线）为基准；（b）以一个平面与一对称平面或线为基准

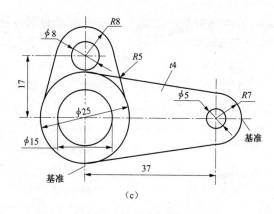

(c)

图 2-23 划线基准种类（二）

(c) 以两互相垂直的中心面或线为基准

（2）以一个平面与一对称平面（或线）为基准，如图 2-23（b）所示。

（3）以两个互相垂直的中心平面（或线）为基准，如图 2-23（c）所示。

五、划线方法

平面划线与平面作图方法类似，即用划针、划规、90°角尺、钢直尺等在工件表面划出几何图形的线条。

平面划线步骤如下：

（1）分析图样，查明要划哪些线，选定划线基准。

（2）检查毛坯并在划线表面涂上涂料。

（3）划基准线和加工时在机床上安装找正用的辅助线。

（4）划其他直线、垂直线。

（5）划圆、连接圆弧、斜线等。

（6）检查核对尺寸。

（7）打样冲眼。

立体划线是平面划线的复合运用，它和平面划线有许多相同之处，其不同之处是在两个或两个以上的面划线。划线基准一经确定，其后的划线步骤与平面划线大致相同。立体划线的常用方法有两种：一种是工件固定不动，该方法适用于大型工件，划线精度较高，但生产率较低；另一种是工件翻转移动，该方法适用于中、小件，划线精度较低，而生产率较高。但在实际工作中，特别是中、小件的划线，有时也采用中间方法，即将工件固定在可以翻转的方箱上，这样便可兼得两种划线方法的优点。

第三节　锯　　削

锯削是用手锯或机械锯把金属材料分割开，或在工件上锯出沟槽的操作。锯削的工作范

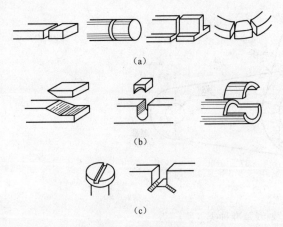

(a)

(b)

(c)

图 2-24　锯削实例
(a) 分割材料；(b) 锯掉多余部分
（中图系先钻孔后锯）；(c) 锯槽

围包括分割各种材料或半成品，如图 2-24 (a) 所示；锯掉工件上多余部分，如图 2-24 (b) 所示；或在工件上锯槽，如图 2-24 (c) 所示。

虽然当前各种自动化、机械化的切割设备已被广泛采用，但是手锯切削还是常见。这是因为，它具有方便，简单和灵活的特点，不需任何辅助设备，不消耗动力。在单件小批量生产时，在临时工地以及在切削异形工件、开槽、修整等场合应用很广。因此，手工锯削也是钳工需要掌握的基本功之一。

一、手锯

手锯包括锯弓和锯条两部分。

1. 锯弓

锯弓是用来张紧锯条的工具，有固定式和可调式两种，如图 2-25 所示。固定式锯弓只使用一种规格的锯条；可调式锯弓，因弓架是由两段组成，可使用几种不同规格的锯条。因此，可调式锯弓使用较为方便。

可调式锯弓有手柄、方形导管、夹头等。夹头上安有挂锯条的销钉。活动夹头上装有拉紧螺栓，并配有翼形螺母，以便拉紧锯条。

2. 锯条

锯条用工具钢制成，并经热处理淬硬。锯条规格以锯条两端安装孔间的距离表示。常用的手工锯条长 300mm、宽 12mm、厚 0.8mm。锯条的

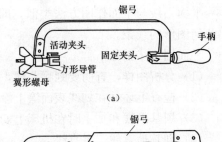

(a)

(b)

图 2-25　锯弓的种类
(a) 固定式；(b) 可调式

切削部分由许多锯齿组成，每一个齿相当于一把錾子，起切削作用。常用的锯条后角 α 为 $40°\sim45°$、楔角 β 为 $45°\sim50°$、前角 γ 约为 $0°$，如图 2-26 所示。

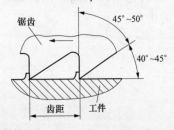

图 2-26　锯齿的形状

锯割时，锯入工件越深，锯缝对锯条的摩擦阻力就越大，严重时将把锯条夹住。为了避免锯条在锯缝中夹住，锯条均有规律地向左右扳斜，使锯齿形成波浪形或交错形的排列，如图 2-27 所示，一般称为锯路。这样可以使排屑顺利，锯削省力，提高工作效率。

锯条的粗细是按锯条上每 25mm 长度内的齿数来表示的，14～18 齿为粗齿，24 齿为中齿，32 齿为细齿。锯削

时锯条粗细的选择应根据加工材料的硬度、厚度来选择。锯削软材料或厚材料时，因锯屑较多，要求有较大的容屑空间，应选用粗齿锯条。锯削硬材料或薄材料时，材料硬，锯齿不易切入，锯屑量少，不需要大有容量；薄材料在锯削中锯齿易被工件勾住而崩裂，需要多齿同时工作，一般要有三个齿同时接触工件，使锯齿承受的力减少，所以这两种情况应选用细齿锯条。一般中等硬度材料选用中齿锯条。

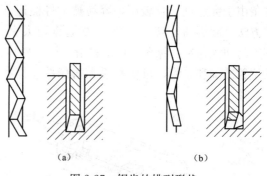

图 2-27　锯齿的排列形状

（a）交叉排列；（b）波浪排列

二、锯削操作

1. 锯条的选用

根据工件材料的硬度和厚度选择合适齿数的锯条。

2. 工件的装夹

工件尽可能夹持在台虎钳的左面，以方便操作；锯削线离钳口不应太远，以防锯时产生颤抖。锯缝线要与钳口侧面保持平行（使锯缝线与铅垂线方向一致）便于控制锯缝不偏离划线线条；工件夹持应稳当、牢固，不可有抖动，以防锯削时工件移动而折断锯条。同时，也要防止夹坏已加工表面和夹紧力过大使工件变形。

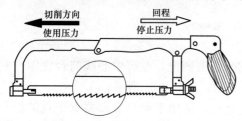

图 2-28　锯条的安装

3. 锯条的装夹

锯削前选用合适的锯条，使锯条齿尖朝前，如图 2-28 所示，装入夹头的销钉上。锯条的松紧程度，用翼形螺母调整。调整时，不可过紧或过松。太紧，失去了应有的弹性，锯条容易崩断；太松，会使锯条扭曲，锯缝歪斜，锯条也容易折断。

4. 手锯握法

右手满握锯柄，左手轻扶在锯弓前端，如图 2-29 所示。锯削时推力和压力主要由右手控制，左手主要配合右手扶正锯弓，压力不要过大。手锯推出时为切削行程，应施加压力，返回行程不切削，不加压力作自然拉回。工件将断时压力要小。

5. 起锯

起锯是锯削工作的开始，起锯的好坏直接影响锯削质量。起锯的方式有远边起锯和近边起锯两种。一般情况下采用远边起锯，如图 2-30（a）所示，因为此时锯齿是逐步切入材料，不易被卡住，起锯比较方便。如采用近边起锯，如图 2-30（b）所示，掌握不好时，

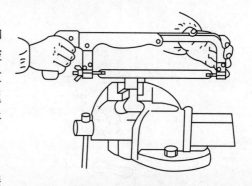

图 2-29　手锯的握法

锯条由于突然锯入且较深，容易被工件棱边卡住，甚至崩断或崩齿。无论采用哪一种起锯方法，起锯角 α 以 15°为宜。如起锯角太大，则锯齿易被工件棱边卡住；起锯角太小，则不易切入材料，锯条还可能打滑，把工件表面锯坏，如图 2-30（c）所示。为了使起锯的位置准确和平稳，可用左手大拇指挡住锯条来定位，而起锯时压力要小，往返行程要短，速度要小。

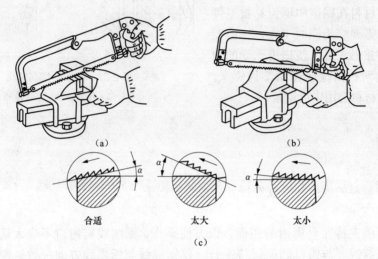

图 2-30　起锯的方法

（a）远边起锯；（b）近边起锯；（c）起锯角太大或太小

6. 锯削姿势

锯削时的站立姿势与錾削相似，人体质量均分在两腿上，左脚中心线与台虎钳丝杠呈 30°夹角，右脚中心线与台虎钳丝杠中心呈 75°夹角，如图 2-31 所示。

推锯时，锯弓运行方式有两种：一种是直线运行，适用于锯缝底面要求平直的槽和薄壁工件的锯削；另一种是小幅度的上下摆动，即手锯推进时，身体略前斜 10°左右，双手随着压向手锯的同时，左手上翘，右手下压，回程时右手上抬，左手自然跟回，如图 2-32所示。

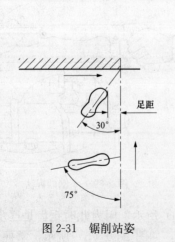

图 2-31　锯削站姿

图 2-32　锯削姿势

手锯在回程中因不进行切削，故不要施加压力，以免锯齿磨损。在锯削过程中锯齿崩落后，应将邻近几个齿都磨成圆弧，如图2-33所示，才可继续使用，否则会连续崩齿直至锯条报废。

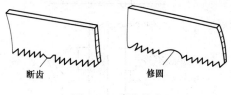

图 2-33 崩齿修磨

三、锯削的应用

1. 锯扁钢

为了得到整齐的锯缝，应从扁钢较宽的面下锯，这样，锯缝的深度较浅，锯条不容易被卡住，如图2-34所示。

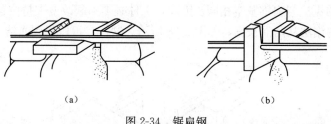

（a） （b）

图 2-34 锯扁钢

（a）正确；（b）不正确

2. 锯圆钢

如果要求断面质量较高，应从起锯开始由一个方向锯到结束。

3. 锯圆管

锯薄管时，应将管子夹在两块木制的 V 形槽垫之间，以防夹扁管子，如图2-35所示。锯削时不能从一个方向锯到底，如图2-36（a）所示，其原因是锯齿锯穿管子内壁后，锯齿即在薄壁上切削，受力集中，很容易被管壁勾住而折断。圆管锯削的正确方法是：多次变换方向进行锯削，每一个方向只能锯到管子的内壁处，随即把管子转过一个角度，一次一次地变换，逐次进行锯削，直到锯断，如图2-36（b）所示。另外，在变换方向时，应使已锯部分向锯条推进方向转动，不要反转，否则锯齿也会被管壁勾住。

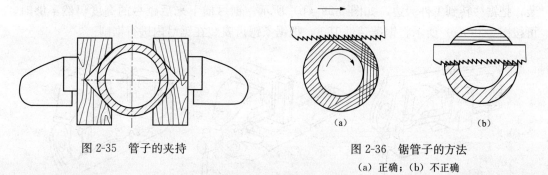

图 2-35 管子的夹持

图 2-36 锯管子的方法

（a）正确；（b）不正确

4. 锯薄板

锯削薄板时应尽可能从宽面锯下去。如果只能在板料的窄面锯下去，可将薄板夹在两木板之间一起锯削，如图2-37（a）所示，这样可避免锯齿勾住，同时还可增加板的刚性。当板料太宽，不便用台虎钳装夹时，应采用横向斜推锯削，如图2-37（b）所示。

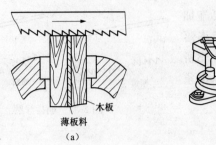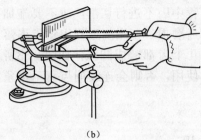

图 2-37 薄板锯削

(a) 用木板夹持；(b) 横向斜推锯削

5. 型钢

槽钢和角钢的锯法与扁钢基本相同。因此，工件必须不断改变夹持位置，槽钢的锯法从三面来锯，角钢的锯法从两面来锯，如图 2-38 所示。这样，可以得到光洁、正直的锯缝。

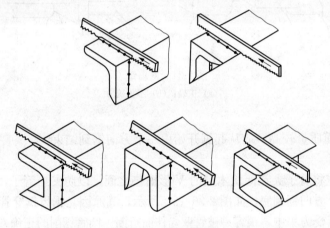

图 2-38 型钢的锯法

6. 深缝

当锯深缝的深度超过锯弓的高度时，如图 2-39 (a) 所示，应将锯条转过 90°重新安装，把锯弓转到工件旁边，如图 2-39 (b) 所示。锯弓横下来后锯弓的高度仍然不够时，可按图 2-39 (c) 所示将锯条转过 180°，把锯条锯齿安装在锯弓内进行锯削。

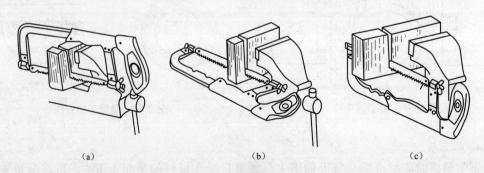

(a)   (b)   (c)

图 2-39 深缝的锯削方法

(a) 锯缝深度超过锯弓高度；(b) 将锯条转过 90°安装；(c) 将锯条转过 180°安装

四、锯条损坏、锯削质量问题及分析产生原因、预防方法

（1）锯条损坏原因及预防方法。锯条损坏形式主要有锯条折断、锯齿崩裂、锯齿过早磨钝等，产生的原因及预防方法见表 2-1。

表 2-1 　　　　　　　　　　　锯条损坏原因及预防方法

锯条损坏形式	原因	预防方法
锯条折断	（1）锯条装得过紧、过松； （2）工件装夹不准确，产生抖动或松动； （3）锯缝歪斜、强行纠正； （4）压力太大，起锯较猛； （5）旧锯缝使用新锯条	（1）注意装夹松紧适当； （2）工件夹牢，锯缝应靠近钳口； （3）扶正锯弓，按线锯削； （4）压力适当，起锯要慢； （5）调换厚度合适的新锯条，调转工件再锯
锯齿崩裂	（1）锯条粗细选择不当； （2）起锯角度和方向不对； （3）突然碰到砂眼、杂质	（1）正确选用锯条； （2）选用正确的起锯方向及角度； （3）碰到砂眼时应减小压力
锯齿很快磨钝	（1）锯削太快； （2）锯削时未加切削液	（1）锯削速度适当减低； （2）可选用切削液

（2）锯削时工件的质量问题及产生原因见表 2-2。

表 2-2 　　　　　　　　　　　锯削质量问题分析

质量问题	产生原因
工件尺寸不对	（1）划线不正确； （2）锯削时未留余量
锯缝歪斜	（1）锯条安装过松或扭曲； （2）工件未夹紧，产生抖动或松动； （3）锯削时，方向未控制好
表面锯痕多	（1）起锯角过小； （2）锯条未靠住定位的左手大拇指

预防方法是：加强责任心，逐步掌握技术要领，提高技术水平。

第四节　錾　　削

用手锤打击錾子对金属进行切削加工，这项操作称为錾削。錾削的作用就是錾掉或錾断金属，使其达到所要求的尺寸和形状。錾削具有较大的灵活性，它不受设备、场地的限制。一般用于錾油槽、刻模具及錾断板料等。每次錾削金属层的厚度为 0.5～2mm。錾削是钳工的基本技能。通过錾削工件的锻炼，可提高操作敲击的准确性，为装拆机械设备奠定基础。

一、錾削工具

錾削工具主要是錾子和手锤。

1. 錾子

錾子是錾削工件中的主要工具。錾子一般用碳素工具钢锻成，并经淬硬和回火处理，具有一定的硬度和韧性。錾子刃部的硬度必须大于工件材料的硬度，并且必须制成楔形，即有一定楔角。

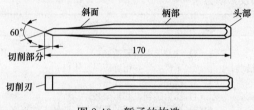

图 2-40 錾子的构造

（1）錾子的构造。錾子由锋口（切削刃）、斜面、柄部和头部 4 部分组成，如图 2-40 所示。錾子的大小是指錾子的长短，其柄部一般制成八棱柱形，便于控制錾刃方向，全长 150～200mm，直径为 $\phi18$～$\phi20$mm。头部制成圆锥形，顶端略带球面，使锤击时的作用力易与刃口的錾削方向一致。

常用的錾子有扁錾、槽錾、油槽錾等，如图 2-41 所示。

1）扁錾又称平口錾，它有较宽的刀刃，刃宽一般在 15～20mm，可用于平面、较薄的板料、直径较小的棒料，清理焊件边缘及铸件与锻件上的毛刺、飞边等。

2）槽錾又称尖錾或狭錾，其刀刃较窄，一般为 2～20mm，用于錾削槽和配合扁錾錾削宽的平面。

3）油槽錾，油槽錾的刀刃很短并呈圆弧形，其斜面制成弯曲形状，可用于錾削轴瓦和机床润滑面上的油槽等。

在制造模具或其他特殊场合，如还需要特殊形状的錾子，可根据实际需要锻制。

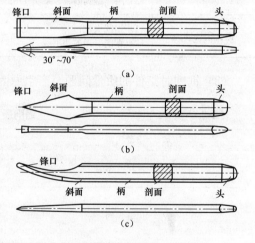

图 2-41 各种錾子
(a) 扁錾；(b) 尖錾；(c) 油槽錾

（2）錾子的材料。錾子的材料通常采用碳素工具钢 T7、T8，经锻造和热处理，其硬度要求是：切削部分 HRC52～HRC57，头部 HRC32～HRC42。

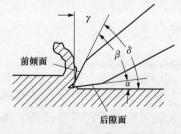

图 2-42 錾削示意图
γ—前角；β—楔角；α—后角；δ—切削角

（3）錾子的楔角。錾子的切削部分呈楔形，它由两个平面与一个刀刃组成，两个面之间的夹角称楔角 β。如图 2-42 所示。錾子的楔角越大，切削部分的强度越高，但錾削阻力也加大，使切削困难，而且会将材料的被切削面挤切得不平，甚至不能进行。所以，錾子的楔角应在其强度允许的情况下选择尽量小的数值。一般来说，錾子楔角要根据的錾削工件材料的硬度来选择，根据经验，在錾削硬材料（如碳素工具钢）时，其楔角 β 磨成 60°～70°较合适；錾削一般碳素结构钢和合金结构钢时，其楔角 β 磨成 $50°\sim60°$ 较合适；錾削软金属（如低碳钢、铜、铝）时，其楔角 β 磨成 $30°\sim50°$ 较合适。

錾削时后角 α 太大，会使錾子切入材料太深，如图 2-43（a）所示，錾不动，甚至损坏錾子刃口，若后角 α 太小，如图 2-43（b）所示，由于錾削方向太平，錾子容易从材料表面滑出，同样不能錾削，即使能錾削，由于切入很浅，效率也不高。一般錾削时后角 α 以 $5°\sim8°$ 为宜。在錾削过程中应握稳錾子使后角 α 不变，否则，表面将錾得高低不平。

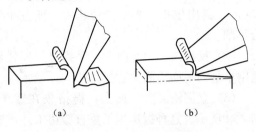

图 2-43　后角大小对錾削的影响
(a) 后角太大；(b) 后角太小

（4）錾子的刃磨。新锻制的或用钝了的錾刃，要用砂轮磨锐。磨錾子的方法是，将錾子搁在旋转的砂轮的轮缘上，但必须高于砂轮中心，两手拿住錾身，一手在上，一手在下，在砂轮的全宽上作左右移动，如图 2-44 所示。要控制握錾子的方向、位置，保证磨出所需要的楔角。锋口的两面要交替着磨，保证一样宽，刃面宽为 $2\sim3$mm，如图 2-45 所示。两刃面要对称，刃口要平直。刃磨錾子，应在砂轮运转平稳后才能进行。人的身体不准正面对着砂轮，以免发生事故。按在錾子上的压力不能太大，不能使刃磨部分因温度太高而退火。为此，必须在磨錾子时经常将錾子浸入水中冷却。

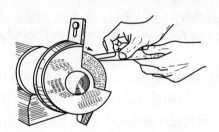

图 2-44　在砂轮机上刃磨

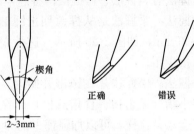

图 2-45　錾子的刃磨要求

楔角

正确　　错误

$2\sim3$mm

2. 手锤

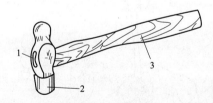

图 2-46　手锤
1—楔子；2—锤头；3—木柄

手锤又称锤子，是钳工常用的敲击工具，由锤头、木柄和楔子组成，如图 2-46 所示。手锤的规格是以手锤的质量来表示，其规格有 0.25kg（约 0.5lb）、0.5kg（1lb）、0.75kg（1.5lb）、1kg（2lb）等几种。锤头用 T7 钢制成，并经热处理淬硬、磨光等处理。锤头的另一端形状可根据需要制成圆头、扁头、鸭嘴或其他形状。木柄装入锤孔后用楔子楔紧，以防止锤头脱落。木柄需用坚韧的木质材料制成，其断面形状一般呈椭圆形。木柄长度要合适，过长操作不方便，过短则不能充分发挥锤击力量。木柄长度一般以操作者手握锤头时手柄与肘长相等为宜。例如：常用的 0.75kg 手锤柄长约 350mm。

二、錾削方法

1. 錾子的握法

握錾子的方法随着工作条件的不同而不同，其常用的方法有以下几种。

（1）正握法。手心向下，用虎口夹住錾身，拇指与食指自然伸开，其余三指自然弯曲靠拢握住錾身，如图 2-47 所示。露出虎口上面的錾子顶部不宜过长，一般在 10～15mm。露出越长，錾子抖动越大，锤击准确度也越差。这种握錾方法适于在平面上进行錾削。

（2）反握法。手心向上，手指自然捏住錾身，手心悬空，如图 2-48 所示。这种握法适用小量的平面或侧面錾削。

（3）立握法。虎口向上，拇指放在錾子一侧，其他手指放在另一侧捏住錾子，如图 2-49所示。这种握法用于垂直錾切工件，如在铁钻上錾断材料。

图 2-47　正握法　　　　图 2-48　反握法　　　图 2-49　立握法

2. 手锤的握法

手锤的握法有紧握法、松握法两种。

（1）紧握法。紧握法是从挥锤到击锤的全过程中，全部手指一直紧握锤柄，木柄尾端露出 15～30mm，如图 2-50 所示。这种握锤方法因为手锤紧握，所以容易疲劳或将手磨破，应尽量少用。

（2）松握法。松握法是在锤击开始时，全部手指紧握锤柄，随着向上举的过程，逐渐依次地将小指、无名指、食指放松，而在锤击的瞬间迅速地将放松了的手指全部握紧并加快手臂运动，这样，可以加强锤击的力量，而且操作时不易疲劳，如图 2-51 所示。

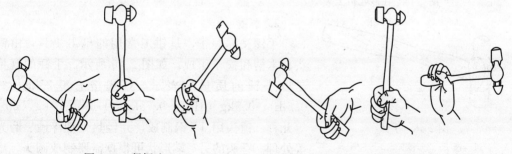

图 2-50　紧握法　　　　　　　　　　图 2-51　松握法

3. 手锤的挥法

挥锤方法有腕挥、肘挥和臂挥三种。

（1）腕挥。腕部的动作挥锤敲击，如图 2-52 所示。腕挥的锤击力小，适用于錾削的开始与收尾以及需要轻微锤击的錾削工作。例如：打样冲眼等。

（2）肘挥。依靠手腕和肘的活动，也就是小臂挥动，肘挥的锤击力较大，应用广泛，如图 2-53 所示。

（3）臂挥。是腕、肘和臂的联合动作，挥锤时，手腕和肘向后上方伸，并将臂伸开，如图 2-54 所示。臂挥的锤击力大，适用于锤击力大的錾削工作。

图 2-52　腕挥　　　　　　图 2-53　肘挥　　　　　　图 2-54　臂挥

4. 站立位置和姿势

錾削的站立位置很重要。如站立位置不适当，操作时不舒服，又容易疲劳。正确的站立位置如图 2-55 所示。操作者身体的重心偏于右腿，挥锤要自然。锤击时眼睛要看在錾子刃口和工件接触处，而不是看錾子的头部，才能顺利地操作和保证錾削质量，并且手锤不易打在手上。

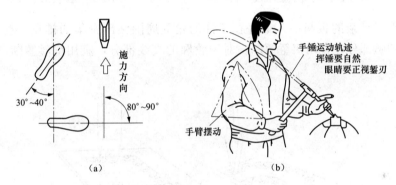

图 2-55　錾削时的位置和姿势
(a) 步位；(b) 姿势

5. 錾前要领

起錾时，錾子尽可能向右倾斜 45°左右，如图 2-56 所示，从工件尖角处向下倾斜 30°。轻打錾子，这样錾子便容易切入材料，然后按正常的錾削角度逐步向中间錾削。

当錾削到距工件尽头约 10mm 时，应调转錾子来錾掉余下的部分，如图 2-57 所示，这样可以避免单向錾削到终端时边角崩裂，保证錾削质量。这在錾削脆性材料时尤其应该注意。

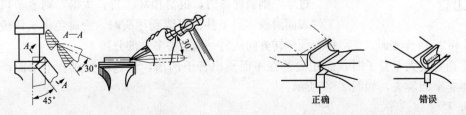

图 2-56　起錾方法　　　　　　　　图 2-57　结束錾削方法

在錾削过程中每分钟锤击次数在 40 次左右。刃口不要老是顶住工件。每錾二三次后，将錾子退回一些，这样可以观察錾削刃口的平整度，又可使手臂肌肉放松一下，效果更好。

三、錾削的应用

1. 錾断

工件錾断方法有两种：一是在台虎钳上錾断，如图 2-58 所示；二是在铁砧上錾断，如图 2-59 所示。通常錾断厚度 4mm 以下的薄板和直径 13mm 以下的棒料可以在台虎钳上进行。而对于较长或大型板料，如果不能在台虎钳上进行，则必须在铁砧上錾断。

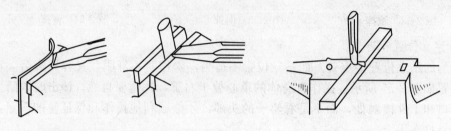

图 2-58　在台虎钳上錾断板料和圆料　　　　图 2-59　在铁砧上錾断

当錾断形状复杂的板料时，最好在工件的轮廓周围钻出密集的排孔，然后再錾断。对于轮廓的圆弧部分，宜用狭錾錾断；对于轮廓的直线部分，宜用扁錾錾断。如图 2-60 所示。

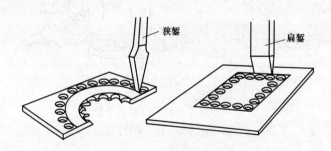

图 2-60　弯曲部分的錾断

2. 錾平面

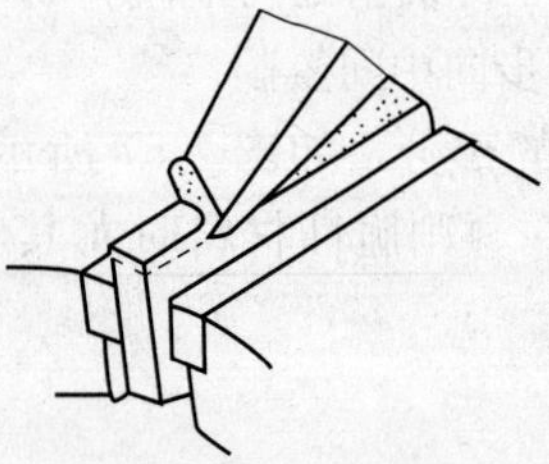

要先划出尺寸界限，被錾工件的宽度应窄于錾刃的宽度。夹持工件时，界线应露在钳口的上面，但不宜太高，如图 2-61 所示，每次錾削厚度为 0.5~1.5mm，一次錾得不能过厚或过薄。过厚，则消耗体力，也易损坏工件；太薄，则錾子将会从工件表面滑脱。当工件快要錾到尽头时，为避免将工件棱角錾掉，须调转方向从另一端錾去多余部分。

图 2-61　錾平面

平面宽度大于錾子时，先用尖錾在平面錾出若干沟槽，将宽面分成若干窄面，然后用扁錾将窄面錾去，如图 2-62 所示。

3. 錾槽

錾油槽的方法是先在轴瓦上划出油槽线。较小的轴瓦可夹在台虎钳上进行，但夹力不能过大，以防轴瓦变形。錾削时，錾子应随轴瓦曲面不停地移动，使錾出的油槽光滑和深浅均匀，如图 2-63 所示。

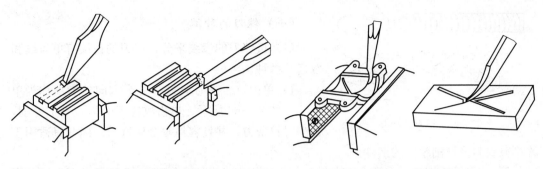

图 2-62　錾削较宽平面　　　　　　　　　图 2-63　錾油槽

键槽的錾削方法是，先划出加工线，再在一端或两端钻孔，将尖錾磨成适合的尺寸，进行加工，如图 2-64 所示。

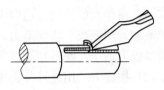

图 2-64　錾键槽

四、錾削质量问题及产生的原因

錾削中常见的质量问题有以下三种：

（1）錾过了尺寸界线。

（2）錾崩了棱角或棱边。

（3）夹坏了工件的表面。

以上三种质量问题产生的主要原因是操作不认真或没有掌握操作技术。

第五节　锉　　　削

用锉刀从工件表面锉掉多余的金属，使工件达到图样所要求的尺寸、形状和表面粗糙度，这种操作称为锉削。锉削一般用于錾削、锯削之后的进一步加工。可对工件上的平面、曲面、内外圆弧、沟槽及其他复杂表面进行加工，其最高加工精度可达到 IT8～IT7，表面粗糙度 Ra 可达 $0.8\mu m$。锉削可用于成形样板、模具型腔以及部件、机器装配时的工件修整，是钳工主要操作方法之一。

锉削分为粗锉削和细锉削，是以各种不同的锉刀进行的。选用锉刀时，要根据图样要求的加工精度和锉削时应留的余量来选用各种不同的锉刀。

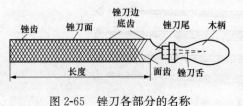

图 2-65　锉刀各部分的名称

一、锉刀

锉刀是由碳素工具钢 T12、T13 制成的，并经淬硬至 HRC62～HRC67 的一种切削刃具。锉刀的组成主要由锉刀面、锉刀边、锉刀舌、锉刀尾、木柄等部分组成，如图 2-65 所示。

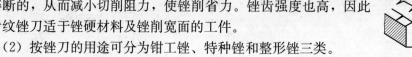

图 2-66 单齿纹锉刀

（一）锉刀的种类

（1）按锉刀的齿纹来分，锉刀的齿纹有单齿纹和双齿纹两种。

1）单齿纹。锉刀上只有一个方向的齿纹称为单齿纹，如图 2-66 所示。单齿纹锉刀全齿宽参加锉削，锉削时较费力，并且容易被金属塞满。因此只适用于锉削软材料及锉削窄面的工件。

2）双齿纹。锉刀上有两个方向排列的齿纹称为双齿纹，如图 2-67 所示。面齿纹和底齿纹的方向和角度不一样，这样形成的锉齿，沿锉刀中心线方向形成倾斜和有规律排列。锉削时，每个齿的锉痕交错而不重叠，锉面比较光滑。锉削时切屑是碎断的，从而减小切削阻力，使锉削省力。锉齿强度也高，因此双齿纹锉刀适于锉硬材料及锉削宽面的工件。

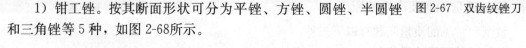

图 2-67 双齿纹锉刀

（2）按锉刀的用途可分为钳工锉、特种锉和整形锉三类。

1）钳工锉。按其断面形状可分为平锉、方锉、圆锉、半圆锉和三角锉等 5 种，如图 2-68所示。

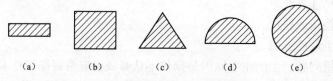

（a）　　　　　（b）　　　　　（c）　　　　　（d）　　　　　（e）

图 2-68 普通锉刀的断面

（a）平锉；（b）方锉；（c）三角锉；（d）半圆锉；（e）圆锉

2）特种锉。用来加工各种零件的特殊表面。特种锉分为刀口锉、菱形锉、扁三角锉、椭圆锉和圆锉 5 种，如图 2-69 所示。

图 2-69 特种锉的断面

3）整形锉。又称什锦锉或组锉，用于小型工件的加工，是把普通的锉制成小型的，也有各种断面形状。每 5 根、8 根、10 根或 12 根作为一组，如图 2-70 所示。

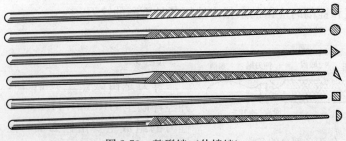

图 2-70 整形锉（什锦锉）

（二）锉刀的规格

普通锉的规格是以锉刀的长度、锉齿粗细及断面形状来表示的，按其长度可分 100、125、150、200、250、300、350、400mm 和 500mm 等几种。

锉刀的粗细，也就是锉刀齿纹齿距的大小。锉刀的齿纹粗细等级分为下列几种：

（1）1 号纹，用于粗锉刀，齿距为 2.3～0.83mm。

（2）2 号纹，用于中锉刀，齿距为 0.77～0.42mm。

（3）3 号纹，用于细锉刀，齿距为 0.33～0.25mm。

（4）4 号纹，用于双细锉刀，齿距为 0.25～0.2mm。

（5）5 号纹，用于油光锉，齿距为 0.2～0.16mm。

整形锉是锉纹号从 1 号到 7 号纹。

（三）锉刀的选用

合理选用锉刀对保证加工质量、提高工件效率和延长锉刀寿命有很大的影响。锉刀的一般选用原则：根据加工工件表面形状和加工面的大小选择锉刀的断面形状和规格，根据材料软硬、加工余量、精度和粗糙度的要求选择锉刀齿纹的粗细。

粗齿锉刀由于齿距较大，不易堵塞，一般用于锉削铜、铝等软金属及加工余量大、精度低和表面粗糙度值大的工件的粗加工；中齿锉刀齿距适中，适于粗锉后的加工；细齿锉刀用于锉削钢、铸铁（较硬材料）以及加工余量小、精度要求高和表面粗糙度值小的工件；油光锉用于最后修光工件表面。

（四）锉刀的维护

为了延长锉刀的使用寿命，必须遵守下列规则：

（1）不准用新锉刀锉硬金属。

（2）不准用锉刀锉淬火材料。

（3）对有硬皮或粘砂的锻件和铸件，须将其去掉后，才可用半锋利的锉刀锉削。

（4）新锉刀先使用一面，当该面锉钝后，再使用另一面。

（5）锉削时，要经常用钢丝刷清除锉齿上的切屑。

（6）使用锉刀时不宜速度过快，否则，容易过早磨损。

（7）细锉刀不允许锉软金属。

（8）使用整形锉，用力不宜过大，以免折断。

（9）锉刀要避免沾水、油和其他脏物；锉刀也不可重叠或者和其他工具堆放在一起。

（10）锉刀千万不可当锤子使用敲打，否则锉刀会断裂。

二、锉刀的操作方法

（一）锉刀柄的装卸

锉刀应装好柄后才能使用，除整形锉以外。柄的安装孔深约等于锉刀尾的长度，孔径相当于锉刀尾的 1/2 能自由插入的大小。安装的方法如图 2-71（a）所示。先用左手扶柄，用右手将锉刀尾插入锉柄内，放开左手，用右手把锉刀柄的下端垂直地蹾紧，蹾入长度约等于锉刀尾的 3/4。

卸锉刀柄可在台虎钳上或钳台上进行，如图 2-71（b）、（c）所示。在台虎钳上卸锉刀柄时，将锉刀柄搁在台虎钳口中间，用力向下蹾拉出来；在钳台上卸锉刀柄时，把锉刀柄向台边略用力撞击，利用惯性作用使用它脱开。

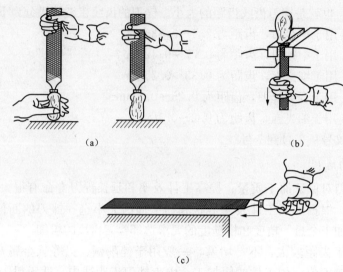

图 2-71　锉刀柄的装卸

（二）锉刀的握法

正确握持锉刀有助于提高锉削质量。可根据锉刀大小和形状的不同，采用相应的握法。

1. 大锉刀的握法

右手心抵着锉刀木柄的端头，大拇指放在锉刀木柄的上面，其余四指弯在下面，配合大拇指捏住锉刀木柄；左手则根据锉刀大小和用力的轻重，可选择多种姿势，如图 2-72所示。

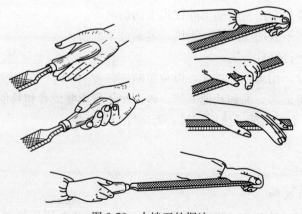

图 2-72　大锉刀的握法

2. 中锉刀的握法

右手握法与大锉刀握法相同，而左手则需用大拇指和食指捏锉刀前端，如图 2-73（a）所示。

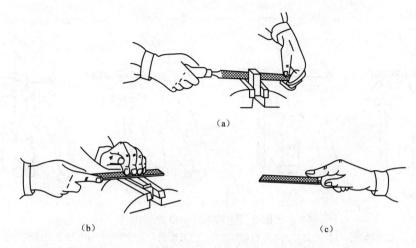

（a）

（b）   （c）

图 2-73　中小锉刀的握法

（a）中锉刀的握法；（b）小锉刀的握法；（c）更小锉刀的握法

3. 小锉刀的握法

右手食指伸直，拇指放在锉刀木柄上面，食指靠在锉刀的刀边，左手几个手指压在锉刀中部，如图 2-73（b）所示。

4. 更小锉刀（整形锉）握法

一般只用右手拿着锉刀，食指放在锉刀上面，拇指和在锉刀的左侧，如图 2-73（c）所示。

（三）锉削时的姿势

1. 站立姿势

两脚立正面向台虎钳，站在台虎钳中心线左侧，与台虎钳的距离按大小臂垂直、端平锉刀、锉刀尖部能搭放在工件上来掌握。然后，迈出左脚，迈出距离从右脚尖到左脚跟约等于刀长，左脚与台虎钳中线约成 30°角，右脚与台虎钳中线约成 75°角，如图 2-74 所示。

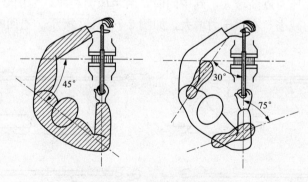

图 2-74　锉削时足的位置

2. 锉削姿势

锉削时如图 2-75 所示，开始前，左腿弯曲，右腿伸直，身体重心落在左脚上，两脚始终站稳不动。锉削时，靠左腿的屈伸作往复运动。手臂和身体的运动要互相配合。锉削时要使锉刀的全长充分利用。

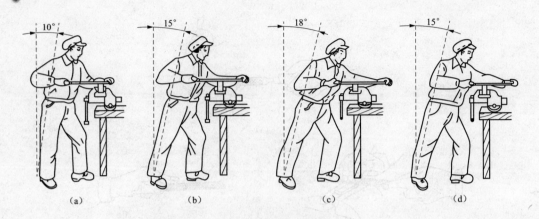

图 2-75 锉削时的姿势

（a）开始锉削时；（b）锉刀推出 1/3 行程时；（c）锉刀推到 2/3 行程时；（d）锉刀行程推尽时

开始锉时身体要向前倾斜 10°左右，左肘弯曲，右肘向后，但不可太大，如图 2-75（a）所示。锉刀推到 1/3 时，身体向前倾斜 15°左右，使左腿稍弯曲，左肘稍直、右臂前推，如图 2-75（b）所示。锉刀继续推到 2/3 时，身体逐渐向前倾斜到 18°左右，使左腿继续弯曲，左肘渐直，右臂向前推进，如图 2-75（c）所示。锉刀继续向前推，把锉刀全长推尽，身体随着锉好的反作用退回到 15°位置，如图 2-75（d）所示。推锉终止时，两手按住锉刀，身体恢复原来位置，略提起锉刀把它拉回。

（四）锉削力的运用

锉削的力有水平推力和垂直压力两种。推力主要由右手控制，其大小必须大于切削阻力才能锉去切屑，压力是由两手控制的，其作用是使锉齿深入金属表面。

锉削时，要锉出平整的平面，必须保持锉刀的平直运动。平直运动是在锉削过程中通过随时调整两手的压力来实现。

锉削开始时，左手压力大，右手压力小，如图 2-76（a）所示。随着锉刀前推，左手压力逐渐减小，右手压力逐渐增大，到中间时，两手压力相等，如图 2-76（b）所示。到最后阶段，左手压力减小，右手压力增大，如图 2-76（c）所示。退回时，不加压力，如图 2-76（d）所示。

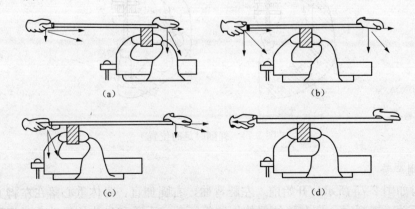

图 2-76 锉刀平直运动

锉削时，压力不能太大，否则，小锉刀易折断；但也不能太小，以免打滑。

锉削速度不可太快，速度太快，容易疲劳和磨钝锉齿；速度太慢，效率不高，一般每分钟 30～60 次为宜。

在锉削时，眼睛要注视锉刀的往复运动，观察手部用力是否适当，锉刀有没有摇摆。锉了几次后，要拿开锉刀，看是否锉在需要锉的地方，是否锉得平整。发现问题后及时纠正。

（五）锉削方法

1. 工件的夹持

要正确地夹持工件，如图 2-77 所示。否则影响锉削质量。

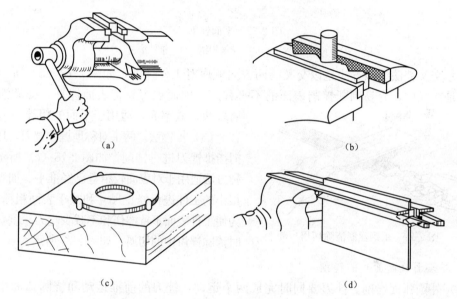

图 2-77　工件的夹持
(a) 一般零件夹持；(b) 圆料夹持；(c) 薄工件夹持；(d) 薄板夹持

（1）工件最好夹持在钳口中间，使台虎钳受力均匀。

（2）工件夹持要紧，但不能把工件夹变形。

（3）工件伸出钳口不宜过高，以防锉削时产生振动。

（4）夹持不规则的工件应加衬垫；薄工件可以钉在木板上，再将木板夹在台虎钳上进行锉削，锉大而薄的工件边缘时，可用两块三角块或夹板夹紧，再将其夹在台虎钳上进行锉削。

（5）夹持已加工面和精密工件时，应用软钳口（铝或紫铜制成）以免夹伤表面。

2. 平面的锉削

锉削平面，是锉削中最基本的操作。为了使平面易于锉平，常用下面几种方法：

（1）顺向锉法。锉刀沿着工件表面横向或纵向移动，锉削平面可得到正直的锉痕，比较平直、光泽，如图 2-78（a）所示。这种方法适用于工件锉光、锉平或锉顺锉纹等。

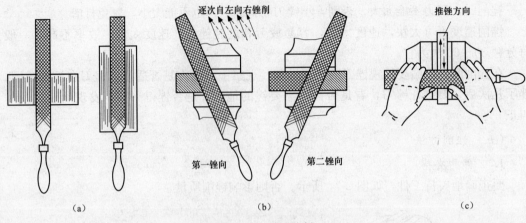

图 2-78 平面锉削

(a) 顺向锉法；(b) 交叉锉法；(c) 推锉法

（2）交叉锉法。该方法是以交叉的两方向顺序对工件锉削，如图 2-78（b）所示。由于锉痕是交叉的，容易判断锉削表面的不平程度，因而也容易把表面锉平。交叉锉法去屑较快、效率高，适用于平面的粗锉。

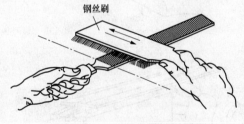

图 2-79 用钢丝刷清除切屑

（3）推锉法。两手对称地握住锉刀，用两大拇指推锉刀进行锉削，如图 2-78（c）所示。这种方法适用于对表面较窄且已经推平、加工余量很小的工件进行修正尺寸和减小表面粗糙度值。为使工件表面不致擦伤和不减少吃刀深度，应及时清除锉齿中的切屑，如图 2-79 所示。

3. 圆弧面（曲面）的锉削

（1）外圆弧面锉削。锉刀要同时完成两个运动：锉刀的前推运动和绕圆弧面中心的转动。前推是完成锉削，转动是保证锉出圆弧面形状。

常用的外圆弧面锉削有滚锉法和横锉法两种。滚锉法是使锉刀向前推进，顺着圆弧面锉削，如图 2-80（a）所示，此法用于精锉外圆弧面。横锉法，是使锉刀边向前推进，边横着锉削圆弧面，如图 2-80（b）的所示，此法用于粗锉外圆弧面或不能用滚锉法加工的情况。

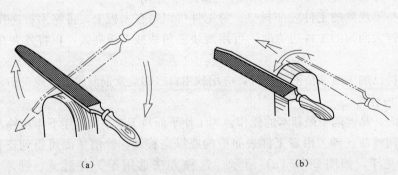

图 2-80 外圆弧面锉削

(a) 滚锉法；(b) 横锉法

（2）内圆弧面锉削。锉刀要同时完成三个运动：锉刀的前推运动、锉刀的左右移动和锉刀自身的转动，如图 2-81 所示。缺少任一项运动都将锉不好内圆弧面。

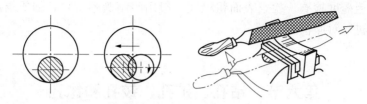

图 2-81　内圆弧面锉削

（3）通孔的锉削。根据通孔的形状、工件材料、加工余量、加工精度和表面粗糙度来选择所需的锉刀锉削通孔。通孔的锉削方法如图 2-82所示。

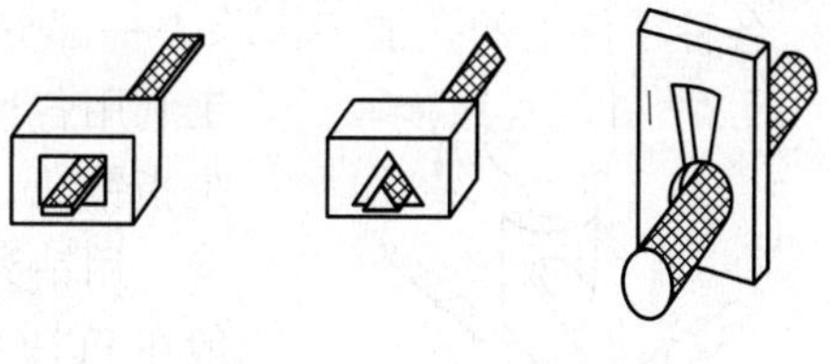

图 2-82　通孔的锉削

三、锉削质量分析与质量检查

1. 锉削质量分析

锉削时的质量问题及产生原因见表 2-3。

表 2-3　　　　　　　　　　　锉削时的质量问题及产生原因

质　量　问　题	产　生　原　因
形状、尺寸不准确	划线不准确或锉削时未及时检查尺寸
平面不平直，中间高、两头低	锉削时施力不当，锉刀选择不合适
锉掉了不该锉的部分	由于锉削时锉刀打滑，或者是没有注意带锉齿工作边或不带锉齿的光边
表面粗糙	锉刀粗细选择不当，锉屑堵塞而未及时清除
工件夹坏	台虎钳口未垫铜片，或夹持工件过紧

2. 锉削质量检查

（1）尺寸精度检查。检查尺寸是用游标卡尺在工件全长不同的位置上进行数次测量。

（2）直线度检查。用钢直尺和 90°角尺以透光法来检查工件的直线度，如图 2-83（a）所示。

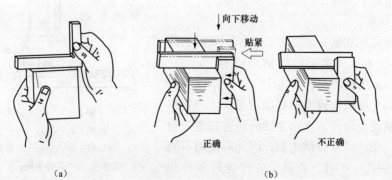

（a）　　　　　　　　　　　　　（b）

图 2-83　用 90°角尺检查直线度和垂直度

（a）检查直线度；（b）检查垂直度

（3）垂直度检查。用90°角尺采用透光法检查，其方法是：先选择基准面，然后对其他各面进行检查，如图2-83（b）所示。

（4）表面粗糙度检查。检查表面粗糙度一般用眼睛观察即可，如要求准确，可用表面粗糙度样板进行对照检查。

第六节　钻孔、扩孔、铰孔和锪孔

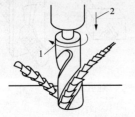

图2-84　钻孔时钻头的运动
1—主运动；2—进给运动

各种零件上的孔加工，除去一部分由车、镗、铣等机床完成外，很大一部分是由钳工利用各种钻床和钻孔工具完成的。钳工加工孔的方法一般是指钻孔、扩孔和铰孔。

用钻头在实心工件上加工孔称为钻孔。钻孔的加工精度一般在IT10级以下，钻孔的表面粗糙度 Ra 值为 $12.5\mu m$ 左右。

一般情况下，孔加工刀具（钻头）应同时完成两个运动，如图2-84所示：一是主运动，即刀具绕轴线的旋转运动（切削运动）；二是进给运动，即刀具沿着轴线方向对着工件的直线运动。

一、钻床

常用的钻床有台式钻床、立式钻床和摇臂钻床三种，手电钻也是常用的钻孔工具。

1. 台式钻床

台式钻床简称台钻，是一种体积小巧，操作简便，转速高（最低转速在 $400r/min$），通常安装在专用工作台上使用的小型孔加工机床。台式钻床钻孔直径一般在13mm以下，一般不超过25mm。其主轴变速一般通过改变V带在塔轮上的位置来实现，主轴进给靠手动操作，如图2-85所示。

2. 立式钻床

立式钻床简称立钻，如图2-86所示。其规格用最大钻孔直径表示。常用的立钻规格有25、35、40mm和50mm几种。与台钻相比，立钻刚性好、功率大，因而允许采用较大的切削用量，生产效率较高，加工精度也较高。立钻主轴的转速和走刀量变化范围大，而且可以自动走刀，因此可使用不同的刀具进行钻孔、扩孔、锪孔、攻螺纹等多种加工。立钻适用于小批量生产中、小型零件的加工。

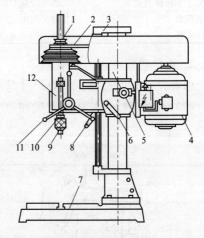

图2-85　台式钻床
1—塔轮；2—V带；3—丝杆架；
4—电动机；5—立柱；6—锁紧手柄；
7—工作台；8—升降手柄；9—钻夹头；
10—主轴；11—进给手柄；12—头架

3. 摇臂钻床

摇臂钻床机构完善，它有一个能绕立柱旋转的摇臂，摇臂带动主轴箱可沿立柱垂直移动，同时主轴箱还能在摇臂上作横向移动，如图 2-87 所示。由于结构上的这些特点，操作时能很方便地调整刀具位置以对准被加工件的中心，而无需移动工件。此外，主轴转速范围和进给量范围很大，适用于笨重、大工件及多孔工件的加工。

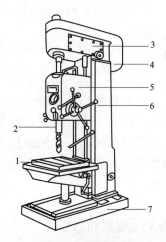

图 2-86　立式钻床

1—工作台；2—主轴；3—主轴变速箱；4—电动机；

5—进给箱；6—立柱；7—机座

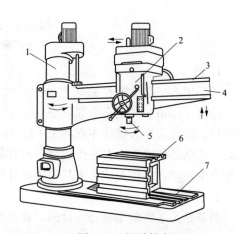

图 2-87　摇臂钻床

1—立柱；2—主轴箱；3—摇臂轨；4—摇臂；

5—主轴；6—工作台；7—机座

4. 手电钻

一种手持电动工具，通称手电钻，如图 2-88 所示。手电钻主要用于加工直径 12mm 以下的孔，其常用于不便使用钻床钻孔的场合。手电钻使用的电源有 220V 和 380V 两种。手电钻携带方便，操作简单，使用灵活，应用比较广泛。

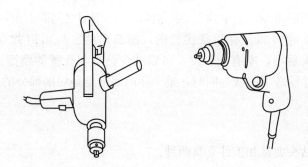

图 2-88　手电钻

二、钻头

钻头是钻孔用的主要刀具，用高速钢制造，其工作部分经过热处理淬硬至 RHC62～RHC65。麻花钻是最常用的一种钻头，钻头的结构由柄部、颈部及工作部分组成，如图 2-89所示。

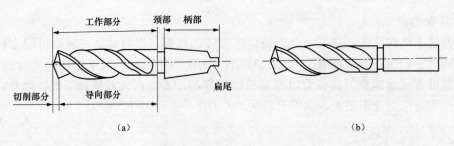

图 2-89　麻花钻头的构造

(a) 锥柄；(b) 直柄

1. 柄部

柄部用来把钻头装在钻床主轴上，以传递动力。钻头直径小于 12mm 时，柄部多采用圆柱体，用钻夹具把它夹紧在钻床主轴上。当钻头直径大于 12mm 时，柄部多数是圆锥形的，能直接插入钻床主轴锥孔内，对准中心，并借圆锥面间产生的摩擦力带动钻头旋转。在柄部的端头还有一个扁尾（或称钻舌），目的是增加传递力，避免钻头在主轴孔或钻套中转动，并作为使钻头从主轴锥孔中退出时用。

2. 颈部

颈部是为了磨削尾部而设计的，多在此处刻印出钻头规格和商标。

3. 工作部分

工作部分包括切削部分和导向部分。

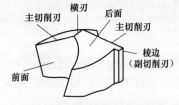

图 2-90　麻花钻的切削部分

（1）切削部分。切削部分，如图 2-90 所示，有三条切削刃（刀刃）：前面和后面相交形成两条主切削刃，担负主要切削作用。两后面相交形成的两条棱条（副切削刃），起修光孔壁的作用；修磨横刃是为了减小钻削轴向力和挤刮，并提高钻头的定心能力和切削稳定性。

切削部分的几何角度主要有前角 γ、后角 α、顶角 2Ψ、螺旋角 ω 和横刃斜角 Ψ，其中顶角 2Ψ 是两个主切削刃之间的夹角，一般取 $118° \pm 2°$。

（2）导向部分。导向部分有两条狭长的，螺旋形的、高出齿背 $0.5 \sim 1mm$ 的棱边（刃带），其直径前大后小，略有倒锥度，可以减少钻头与孔壁的摩擦。两条对称的螺旋槽，用于排除切屑并输送切削液。同时，整个导向部分也是切削部分的后备部分。

三、夹具

夹具主要包括钻头夹具和工件夹具两种。

1. 钻头夹具

常用的钻头夹具有钻头夹和钻套两种。

（1）钻头夹具。钻头夹具，如图 2-91（a）所示，适用于装夹直柄钻头，其柄部的圆锥面与钻床主轴内锥孔配合安装，而其头部的三个夹爪可同时张开或合拢，使钻头的装夹与拆卸方便。

（2）钻套。钻套又称过渡套筒，如图 2-91（b）所示，用于夹装锥柄钻头。由于锥柄钻头柄部的锥度与钻床主轴端锥孔的锥度不一致，为使其配合安装，用钻套作为锥体过

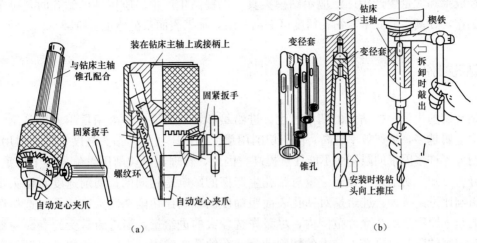

图 2-91 钻夹头及钻套

(a) 钻夹头；(b) 钻套及安装

渡体。锥套的一端为锥孔，可内接钻头锥柄，其另一端的外锥面接钻床主轴的内锥孔。钻套依其内外锥度的不同分为 5 个型号（1～5），例如 2 号钻套其内锥孔为 2 号莫氏锥度，外锥孔为 3 号莫氏锥度，使用时可根据钻头柄和钻床主轴内锥的锥度来选用。

2. 工件夹具

加工工件时，应根据钻孔直径和工件形状来合理地使用工件夹具。装夹工件要牢固可靠，但又不能将工件夹得过紧而损伤工件或使工件变形影响钻孔质量。常用的工件夹具有手虎钳、机用虎钳、V 形架和压板等。

对于薄壁工件和小工件，常用手虎钳夹持，如图 2-92（a）所示；机用虎钳用于中小型平整工件的夹持，如图 2-92（b）所示；对于轴或套筒类工件可用 V 形架夹持并和压板配合使用，如图 2-92（c）所示；对于不适于用机用虎钳夹紧的工件或要钻大直径孔的工件，可用压板、螺栓直接固定在钻床工作台上，如图 2-92（d）所示。

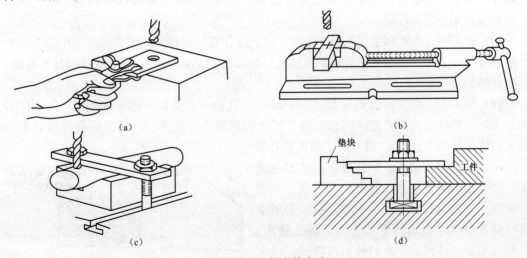

图 2-92 工件夹持方法

(a) 手虎钳夹持；(b) 机用虎钳夹持；(c) V 形架夹持；(b) 压板螺栓夹持

在成批和大量生产中广泛应用钻模夹具，以提高生产率。应用钻模钻孔时，可免去划线工作，提高生产效率，钻孔精度可提高一级，加工表面粗糙值也有所减小。

四、钻孔操作

1. 切削用量的选择

钻孔切削用量是指钻头的切削速度、进给量和切削深度。切削用量越大，单位时间内切除金属越多，生产效率越高。由于切削用量受到钻床功率、钻头强度、钻头耐用度、工件精度等许多因素的限制而不能任意提高，因此，合理选择切削用量就显得十分重要。通过分析可知，切削速度和进给量对钻孔生产率的影响是相同的；切削速度对钻头耐用度的影响比进给量大；进给量对钻孔表面粗糙度的影响比切削速度大。钻孔时选择切削用量的基本原则是：在允许范围内，尽量先选较大的进给量，当进给量受到表面粗糙度和钻头刚度的限制时再考虑较大的切削速度。在钻孔实践中，人们已积累了大量的有关选择切削用量的经验，并经过科学总结制成了切削用量表，在钻孔时可参考使用。

2. 操作方法

首先要按划线位置钻孔，工件上的孔径圆和检查圆均需打上样冲眼作为加工界线，中心样冲眼应打大一些。钻孔时先用钻头在孔的中心锪一小窝（约为孔径的1/4），检查

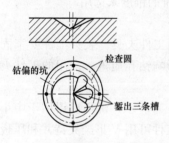

小窝与所划圆是否同心。如稍偏离，可用样冲将中心样冲眼冲大矫正或移动工件借正；若偏离较多，可用窄錾在偏离的相反方向錾几条槽再钻，便可逐渐将偏斜部分矫正过来，如图 2-93 所示。

图 2-93　钻偏时的纠正方法

（1）钻通孔。在孔将被钻透时，进给量要减小，可将自动进给变为手动进给，避免钻头在钻穿的瞬间抖动，出现"啃刀"现象，影响加工质量，损坏钻头，甚至发生事故。

（2）钻盲孔（不通孔）。要注意掌握钻孔深度，以免将孔钻深出现质量事故。控制钻孔深度的方法有：调整好钻床上深度标尺挡块、安置控制长度量具或用粉笔做标记。

（3）钻深孔。当孔深超过孔径3倍时，也就是深孔。在钻深孔时要经常退出钻头及时排屑和冷却，否则容易造成切屑堵塞或钻头切削部分过热，导致钻头过度磨损甚至折断，影响孔的加工质量。

（4）钻大孔。当钻的孔直径超过 30mm 时，孔应分两次钻。第一次用 $0.5D \sim 0.7D$ 的钻头钻，然后用所需要直径的钻头将孔扩大到所要求的直径。分两次钻削可以有利于钻头的使用（负荷分担），也有利于提高钻孔质量。

（5）在斜面上钻孔。钻孔前，用铣刀在铣出一个平台或用錾削方法錾出一个平台，如图2-94 所示，按钻孔要求定出中心，一般先用小直径钻头钻孔，再用所要求的钻头将孔钻出。当钻孔钻穿工件到达下面的斜面出口时，因为钻头单面受力，就有折断的危险，遇到这种情

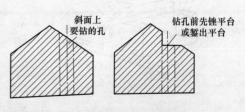

图 2-94　在斜面上钻孔法

形，必须用同一强度的材料，衬在工件下面，如图 2-95 所示。

（6）钻缺圆孔、半圆孔、"骑缝"孔。钻缺圆孔，用同样材料嵌入工件内与工件合钻一个孔，如图 2-96（a）所示，钻孔后，将嵌入材料去掉，即在工件上留下要钻的缺圆孔。

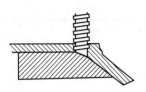

图 2-95 钻通孔垫衬垫

如图 2-96（b）所示，在工件上钻出半圆孔，可用同样材料与工件合起来，在两件的结合处找出孔的中心，然后钻孔。分开后，也就是要钻的半圆孔。

在连接件上钻"骑缝"孔，在套与轴和轮毂与轮圈之间，安装"骑缝"螺钉或"骑缝"销钉，如图 2-97 所示。其钻孔方法是：如果两个工件材料性质不同，"骑缝"孔的中心样冲眼应打在硬质材料一边，以防止钻头向软质材料一边偏斜。造成孔的位移。

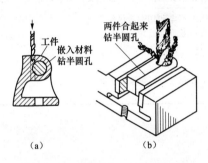

（a） （b）

图 2-96 钻缺圆孔、半圆孔方法

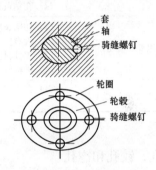

图 2-97 钻"骑缝"孔

（7）钻削时的冷却润滑。钻削钢件时，为降低表面粗糙度值，一般使用机油作切削液，但为提高生产效率则更多地使用乳化液；钻削铝件时，多用乳化液、煤油；钻削铸件则用煤油。

五、钻孔质量分析

由于钻头刃磨得不好、切削用量选择不当、切削液使用不当、工件装夹不善等原因，会使钻出的孔径偏大，孔壁粗糙，孔的轴线偏移或歪斜，甚至使钻头折断，表 2-4 列出了钻孔时可能出现的质量问题及产生的原因。

表 2-4　　　　　　　　　　钻孔的质量问题及产生原因

问 题 类 型	产 生 原 因
钻孔呈多角形	（1）钻头后角太大； （2）两切削刃有长短、角度不对称
孔径偏大	（1）钻头两主切削刃长度不等，顶角不对换； （2）钻头摆动
孔壁粗糙	（1）钻头不锋利； （2）后角太大； （3）进给量太大； （4）切削液选择不当，或切削液供给不足

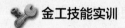
续表

问 题 类 型	产 生 原 因
孔偏移	(1) 工件划线不正确； (2) 工件安装不当或夹紧不牢固； (3) 钻头横刃太长，对不准冲眼； (4) 开始钻孔时已钻偏而没有借正
孔歪斜	(1) 钻头与工件表面不垂直，钻床主轴与台面不垂直； (2) 横刃太长，轴向力太大，钻头变形； (3) 钻头弯曲； (4) 进给量过大，致使小直径钻头弯曲
钻头工作部分折断	(1) 钻头磨钝后仍然继续钻孔； (2) 钻头螺旋槽被切屑堵塞，没有及时排屑； (3) 孔快钻通时没有减小进给量； (4) 在钻黄铜一类的软金属时，钻头后角太大，前角又没修磨，钻头自动旋进
切削刃迅速磨损或碎裂	(1) 切削速度太高，切削液选用不当和切削液供给不足； (2) 没有按工件材料刃磨钻头角度（如后角过大）； (3) 工件材料内部硬度不均匀； (4) 进给量太大
工件装夹表面轧毛或损坏	(1) 在用作夹持的工件已加工表面没有衬垫铜片或铝片； (2) 夹紧力太大

六、扩孔、铰孔和锪孔

1. 扩孔

扩孔用以扩大已加工出的孔（铸出、锻出或钻出的孔），使其获得较正确的几何形状和较小的表面粗糙度值，加工精度一般为 IT10～IT9 级的，表面粗糙度 Ra 值为 $6.3～3.2\mu m$。扩孔可作为要求不高的孔的最终加工，也可作为精加工（如铰孔）前的预加工，扩孔加工余量为 $0.5～2mm$。扩孔钻头的形状与麻花钻头相似，不同的是，扩孔钻头有 $3～4$ 个切削刃，且没有横刃。扩孔钻头的钻心大，刚度较好。由于齿数多，刚性好，故扩孔时导向性好。扩孔钻头如图 2-98 所示。其扩孔钻头扩孔的情形，如图 2-99 所示。

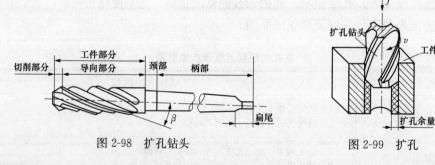

图 2-98 扩孔钻头　　　　　　　　图 2-99 扩孔

2. 铰孔

铰孔是用铰刀从工件壁上切除微量金属，以提高其尺寸精度和表面质量的加工方法。铰孔的加工精度一般为 IT7～IT6 级的，铰孔的表面粗糙度 Ra 值为 $0.8～0.4\mu m$。

铰刀是多刃切削刀具，有 $6～12$ 个切削刃，铰孔时其导向性好。由于刀齿的齿槽很浅，铰刀的横断面大，因此铰刀刚性好。铰刀按使用方法分为手用和机用两种，按所铰孔的形状分为圆柱形或圆锥形两种，如图 2-100（a）、（b）所示。

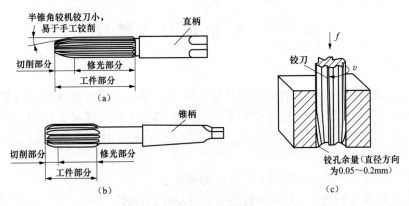

图 2-100 铰刀和铰孔

(a) 圆柱形手铰刀；(b) 圆柱形机铰刀；(c) 铰孔

铰孔因余量很小，而且切削刃的前角 $\gamma=0°$，所以铰削实际上是修刮过程。特别是手工铰孔时，由于切削速度很低，不会受到切削热和振动的影响，故铰孔是对孔进行精加工的一种方法。

铰孔时铰刀不能倒转，否则切屑会卡在孔壁和切削刃之间，从而使孔壁划伤或切削刃崩裂。铰削时如采用切削液，孔壁表面粗糙度值将更小，如图 2-100（c）所示。

钳工常遇到锥孔铰削，一般采用相应孔径的圆锥手用铰刀进行。

3. 锪孔

锪孔是用锪钻对工件上的已有孔进行孔口形面的加工，其目的是为保证孔端面与孔中心线的垂直，以便使与孔连接的零件位置正确，连接可靠。常用的锪孔工具有柱形锪钻（锪柱孔）、锥形锪钻（锪锥孔）和端面锪钻（锪端面）三种，如图 2-101 所示。

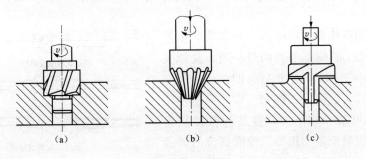

图 2-101 锪孔

(a) 锪柱孔；(b) 锪锥孔；(c) 锪端面

圆柱形埋头锪孔钻的端刃起切削作用，其周刃作为副切削刃起修光作用，如图 2-101（a）所示。为保证原有孔与埋头孔同心，锪钻前端带有导柱，与已有孔配合起定心作用。导柱和锪钻本体可制成整体也可分开制造，然后装配成一体。

锥形锪钻用来锪圆锥形沉头孔，如图 2-101（b）所示。锪钻顶角有 60°、75°、90° 和 120° 等 4 种，其中以顶角为 90° 的锪钻应用最为广泛。

端面锪钻用来锪与孔轴线垂直的孔口端面，如图 2-101（c）所示。

第七节　攻螺纹与套螺纹

　　工件圆柱或圆锥外表面上的螺纹叫外螺纹，工件圆柱或圆锥孔表面上的螺纹叫内螺纹。常用的三角形螺纹工件，其螺纹除采用机械设备加工外，还可以用钳工攻螺纹或套螺纹的方式获得。对于螺纹的有关基础知识请参阅本书车工中的"车螺纹"，在此就不做说明。

　　攻螺纹也叫攻丝，是用丝锥加工内螺纹的方式。

　　套螺纹也叫套丝，是用牙板在圆杆上加工外螺纹的方式。

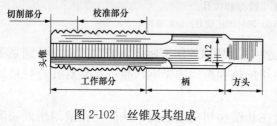

图 2-102　丝锥及其组成

一、攻螺纹

1. 丝锥

　　丝锥是专门用于加工小直径内螺纹的成形刀具，如图 2-102 所示。一般用合金工具钢 9SiCr 制造，并经过热处理淬硬。丝锥的结构形状像一个螺钉，轴向有几条容屑槽，相应的形成几瓣刀刃（切削刃）。丝锥由工作部分和柄部组成，其中工作部分由切削部分与校准部分组成。

　　丝锥的切削部分常磨成圆锥形，以便使切削负荷分配在几个刀齿上，以便切去孔内螺纹牙间的金属，而其校准部分的作用是修光螺纹和引导丝锥。丝锥上有 3～4 条容屑槽，用于容屑和排屑。丝锥柄部为方头，其作用是与铰杠配合并传递扭矩的。

　　丝锥主要是切削金属，但也有挤压金属的作用，在加工塑性好的材料时，挤压作用尤其显著。

　　丝锥分手用丝锥和机用丝锥。丝锥应成组使用，在 M6～M24 的丝锥中为两只一组，又称头锥和二锥；当小于 M6 和大于 M24 时的丝锥为三只一组，我们称为头锥、二锥和三锥。分组使用的主要目的是可减少切削力，提高丝锥使用寿命。它们的圆锥斜角各不相等，校准部分的外径也不相同，其所负担的切削工件量分配是：头锥为 60%～75%，二锥为 30%～25%，三锥为 10%。

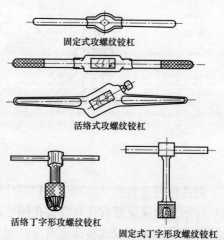

固定式攻螺纹铰杠

活络式攻螺纹铰杠

活络丁字形攻螺纹铰杠

固定式丁字形攻螺纹铰杠

图 2-103　攻螺纹铰杠

2. 铰杠

　　手用丝锥攻螺纹时一定要用铰杠夹持丝锥。铰杠分普通式和丁字式两类，如图 2-103 所示。各类铰杠又分固定式和可调式两种。

　　(1) 固定式铰杠。铰杠的两端是手柄，中部方孔适合于一种尺寸上的丝锥方尾。由于方孔的尺寸是固定的，不能适合于多种尺寸的丝锥方尾，使用时要根据丝锥尺寸的大小，来选择不同规格的攻螺纹铰杠。这种铰杠制造方便，可随便找一段铁条钻上一个孔，用锉刀锉成所需尺寸的方形孔就可使用。当经常攻一定的小螺纹时，用它很适宜。

（2）可调式铰杠。这种铰杠的方孔尺寸经调节后，可适合不同尺寸的丝锥方尾，使用很方便。常用的攻螺纹铰杠规格见表2-5。

表 2-5   常用攻螺纹铰杠规格

丝锥直径/mm	≤6	8～10	12～14	≥16
铰杠长度/mm	150～200	200～250	250～300	400～450

（3）丁字形攻螺纹铰杠。丁字形铰杠常用在比较小的丝锥上。当需要攻工件高台阶旁边的螺纹孔或攻箱体内部的螺纹孔时，用普通铰杠要碰工件，此时，则要用丁字形攻螺纹铰杠。小的丁字形攻螺纹铰杠有制成活络的，安装一个四爪的弹簧夹头。一般用于装 M6 以下的丝锥，大尺寸的丝锥一般都有固定的丁字形攻螺纹铰杠。固定丁字形攻螺纹铰杠往往是专用的，视工件的需要确定其高度。

3. 攻螺纹前确定钻底孔的直径和深度

攻螺纹前工件的底孔直径，也就是钻孔直径必须大于螺纹标准中规定的螺纹小径，其底孔钻头直径 d_0，可采用查表法（见有关手册资料）确定，或用下列经验公式计算：

钢材及韧性金属 $\qquad\qquad d_0 \approx d - P$

铸铁及脆性金属 $\qquad d_0 \approx d - (1.05 \sim 1.1)\,P$

式中　d_0——底孔直径；

　　　　d——螺纹公称径；

　　　　P——螺距。

攻盲孔（不通孔）的螺纹时，因丝锥顶部带有锥度不能形成完整的螺纹，所以为得到所需的螺纹长度，孔的深度 h 要大于螺纹长度 L。盲孔深度可按下列公式计算：

$$孔的深度\ h = 所需要的深度\ L + 0.7d$$

4. 攻螺纹操作

攻螺纹开始前，先将螺纹孔端面孔口倒角，以利于丝锥切入。攻螺纹时，先用头锥攻螺纹。首先旋入 1～2 圈，检查丝锥是否与孔端面垂直（可用目测或直角尺在互相垂直的两个方向检查），然后继续使铰杠轻压旋入，当丝锥的切削部分已经切入工件后，可只转动而不加压，每转一圈后应反转 1/4 圈，以便切屑断落，如图 2-104 所示。攻完头锥再继续攻二锥、三锥，每更换一锥，仍要先旋入 1～2 圈，扶正定位，再用铰杠，以防乱扣。攻钢件时，可加机油润滑，使螺纹光洁并延长丝锥使用寿命。攻铸件时，可加煤油润滑。

5. 攻螺纹质量分析

攻螺纹的质量问题和产生的原因见表2-6。

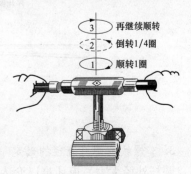

图 2-104　攻螺纹操作

表 2-6 攻螺纹的质量问题和产生原因

质 量 问 题	产 生 原 因
烂牙	(1) 底孔太小，丝锥攻不进； (2) 二锥中心不重合； (3) 螺孔攻歪偏多时，采用丝锥强行借正； (4) 对低碳钢等塑性好的材料，未加切削液
螺纹牙深不够	底孔直径钻得过大
螺孔攻歪	(1) 手攻时，丝锥与工件端面不垂直； (2) 机攻时丝锥与工件孔中心未对准
螺孔中径太大	机攻时丝锥晃动
滑牙	(1) 攻丝时，碰到较大砂眼，丝锥打滑； (2) 手攻不通孔时，丝锥已攻到仍旋转丝锥

二、套螺纹

1. 板牙

板牙是加工外螺纹的刀具，由合金工具钢 9SiCr 制成并经热处理淬硬，其外形像一个圆螺母，上面钻有几个排屑孔，形成刀刃，如图 2-105 所示。

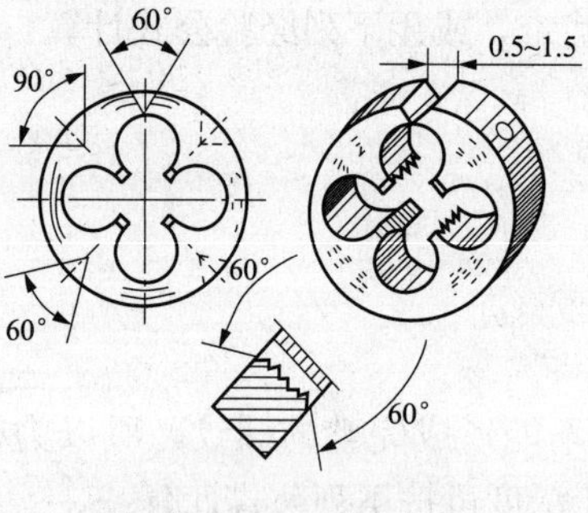

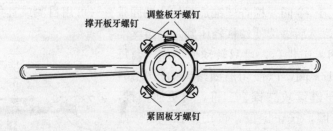

板牙由切削部分、定径部分、排屑孔（一般有 3~4 个）组成。排屑孔的两端有 60°的锥度，起主要切削作用，定径部分起修光作用。板牙的外圆有一条深槽和 4 个锥坑，锥坑用于定位和紧固板牙。当板牙的定径部分磨损后，可用片状砂轮沿槽将板牙切割开，借助调紧螺钉将板牙直径缩小。

图 2-105 板牙

2. 板牙架

板牙是装在板牙架上使用的，如图 2-106 所示。板牙架是用于夹持板牙，传递转矩的工具。工具厂按板牙外径规格了各种配套的板牙架，供使用者选用。

撑开板牙螺钉　调整板牙螺钉

紧固板牙螺钉

图 2-106 板牙架

3. 套螺纹前圆杆直径的确定

圆杆外径太大，板牙难以套入；太小，套出的螺纹牙形不完整。因此，圆杆直径应稍小于螺纹公称尺寸。

计算圆杆直径的经验公式为

$$圆杆直径\,d \approx 螺纹大径\,D - 0.13P$$

式中 P——螺距。

4. 套螺纹的操作方法

套螺纹的圆杆端部应倒角，如图 2-107（a）所示，使板牙容易对准工件中心，同时也容易切入。工件伸出钳口的长度，在不影响螺纹要求长度的前提下，应尽量短些。套螺纹过程与攻螺纹相似，如图 2-107（b）所示，板牙端面应与圆杆垂直，操作时有力要均匀。开始转动板牙时，要稍加压力，套入 3～4 扣后可转动不加压，并经常反转，以便断屑。

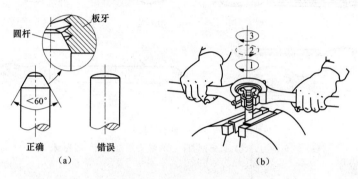

图 2-107 圆杆倒角与套螺纹

（a）圆杆倒角；（b）套螺纹

第八节 刮 削

用刮刀在工件已加工表面上刮去一层薄金属的操作称为刮削。刮削后的表面具有良好的平面度，表面粗糙度 Ra 值可达 $1.6\mu m$ 以下，是钳工中的精密加工。零件上的配合滑动表面，如机床导轨、滑动轴承等常需要刮削加工。但刮削劳动强度大，生产率低。

一、刮削用工具

1. 刮刀

刮刀一般用碳素工具钢 T12A 或耐磨性较好的 GCr15 滚动轴承钢锻造。也有的刮刀头部焊上硬质合金用于刮削硬金属。刮刀分为平面刮刀和曲面刮刀。

（1）平面刮刀。用来刮削平面或外曲面，可分为普通刮刀和活头刮刀，如图 2-108 所示。普通刮刀，按所刮表面精度不同，可分为粗刮

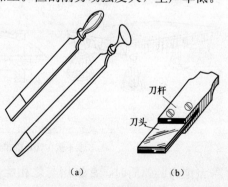

图 2-108 平面刮刀

（a）普通刮刀；（b）活头刮刀

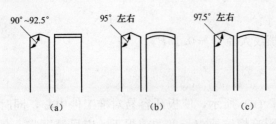

(a)　　　　　(b)　　　　　(c)

图 2-109　平面刮刀头部形状

(a) 粗刮刀；(b) 细刮刀；(c) 精刮刀

刀、细刮刀和精刮刀三种，如图 2-109 所示。

（2）曲面刮刀。用来刮削内弧面（主要是滑动轴承的轴瓦），其式样很多，有三角刮刀、蛇头刮刀、匙形刮刀、圆头刮刀等，如图 2-110 所示。其中以三角刮刀最为常见。使用前刮刀端部要在砂轮上磨出刃口，然后再用油石抛光。

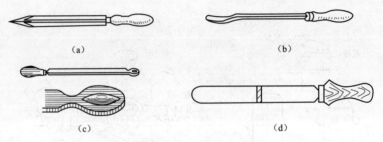

(a)　　　　　　　　　　　(b)

(c)　　　　　　　　　　　(d)

图 2-110　曲面刮刀

(a) 三角刮刀；(b) 匙形刮刀；(c) 蛇头刮刀；(d) 圆头刮刀

2. 校准工具

校准工具有两个作用：一是用来与刮削表面磨合，以接触点的多少和分布的疏密程度来显示刮削表面的平整程度，提供刮削的依据；二是用来检验刮削表面的精度。

刮削平面的校准工具有（见图 2-111）：

（1）校准平板——检验和磨合宽平面用的工具。

（2）桥式直尺、工字形直尺——检验和磨合长而窄的平面用的工具。

（3）角度直尺——用来检验和磨合燕尾形或 V 形面的工具。

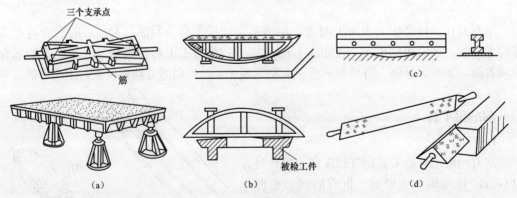

图 2-111　平面刮削用校准工具

(a) 校准平板；(b) 桥式直尺；(c) 工字形直尺；(d) 角度直尺

刮削内圆弧面时，常采用与之相配合的轴作为校准工具，如无现成的轴，可自制一根标准心轴作为校准工具。

3. 显示剂

机械加工后的平面，其平面度还有误差。这些误差用肉眼是看不出的，必须用一块标准平板才能校验出。校验时，在工件刮削面涂上一层颜料，然后将两个平面互相摩擦，这样，凸起处就会被磨成黑色（或被着色），所用的这种颜料叫显示剂。

目前常用的显示剂及用途如下：

（1）红丹粉。红丹粉有铅丹和铁丹两种。铅丹和铁丹的粒度极细，用时与机油调和。红丹粉由于显示清晰，价格较低，因此，应用广泛，通常在铸铁和钢件上使用。

（2）蓝油。由普鲁士蓝和蓖麻油混合而成。通常在铜、铝等工件上使用。

二、刮削精度检查

经过刮削的不面，应有细致而均匀的网纹，不能有刮伤和刮伤的深印。检查刮削精度的方法主要有以下几种：

1. 以贴合点的数目来表示

用一个 25mm×25mm 的特制方型框来检验刮削面的斑点数。对于固定接触面或机床座，一般在 10 个点以下；平板、机床导轨与刀架燕尾等，一般在 10～16 个点；精密的平板、轴瓦滑动面，一般在 16～25 个点；精密工具，如方型水平仪的表面要有 25～30 个点，如图 2-112 所示。

2. 用平面的平直度表示

工件平面大范围内的中凸、中凹、波形以及两导轨面的扭曲等，是用水平仪检查的。它们的允许误差根据不同的要求来规定。如图 2-113 所示，用 200mm×200mm 的方形精密水平仪，检验刮削面的平面度。

3. 用平面高低误差来表示

将百分表的触头接触已刮好的平面，如图 2-114 所示。然后，推动座架，使百分表在平面上移动。根据百分表指针的变化情况，就可以检验出平面高低的误差情况。

 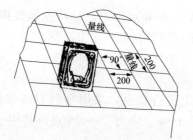 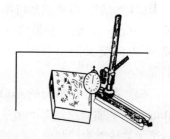

图 2-112　检验斑点的方法　　图 2-113　检验平直度的方法　　图 2-114　检验平面高低误差的方法

三、平面刮削

1. 刮削方式

刮削方式有挺刮式和手刮式两种。

（1）挺刮式。将刮刀柄放在小腹右下侧肌肉处，双手握住刀身（距刀刃 80mm 左右）。刮削时，利用腿力和臂部的力量使刮刀向前推挤。刮刀开始向前推时，双手加压力，在推动后的瞬间，右手引导刮削方向，左手立即将刮刀提起，这样，就在工件表面上留下刮痕，完成了刮削动作，如图 2-115（a）所示。

（2）手刮式。右手握刀柄，左手握住刮刀近头部约 50mm 处。刮削时右臂利用上身摆动向前推，左手向下压，并引导刮刀的方向。左足前跨，上身随着往前倾斜，这样，可以增加左手压力，也易看清刮刀前面的点子情况。双手动作与挺刮式相似，如图 2-115（b）所示。

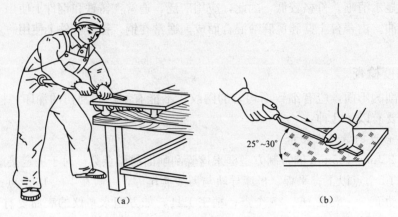

图 2-115　平面刮削方式
（a）挺刮式；（b）手刮式

2. 刮削步骤

（1）粗刮。若工件表面比较粗糙、加工痕迹较深或表面严重生锈，不平或扭曲、刮削余量在 0.05mm 以上时，应先进行粗刮。粗刮的特点是采用长刮刀，行程较大（10～15mm），刀痕较宽（10mm），刮刀痕迹顺向，成片不重复。机械加工的刀痕刮除后，即可研点，并按显出的高点刮削。当工件表面研点每 25mm×25mm 上为 4～6 点并留有细刮加工余量时，可开始细刮。

（2）细刮。细刮就是将粗刮后的高点刮去，其特点是采用短刮法（刀痕宽约 6mm，长 5～10mm），研点分散快。细刮时要朝着一定方向刮，刮完一遍，刮第二遍时要成 45°或 60°方向交叉刮出网纹。当平面研点每 25mm×25mm 上为 10～14 点时，即可结束刮削。

（3）精刮。在细刮的基础上进行精刮，采用小刮刀或带圆弧的精刮刃，刀痕宽约 4mm，当平面研点每 25mm×25mm 上应为 20～25 点，常用于检验工具、精密导轨面、精密工具接触面的刮削。

（4）刮花。刮花的作用一是美观，二是有积存润滑油的功能。一般常见的花纹有斜花纹、燕形花纹和鱼鳞花纹等。另外，还可通过观察原花纹的完整和消失的情况来判断平面工作后的磨损程度。

四、曲面刮削

对于要求较高的某些滑动轴承的轴瓦，通过刮削，可以得到良好的配合。刮削轴瓦时用三角刮刀，而研点子的方法是在轴上涂上显示剂（常用蓝油），然后与轴瓦配研。曲面刮削原理和平面刮削一样，只是曲面刮削使用的刀具和掌握刀具的方法和平面刮削有所不同，如图 2-116 所示。

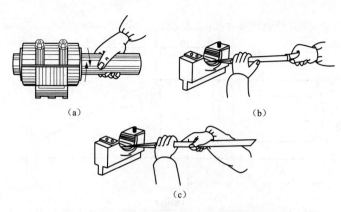

（a）　　　　　　　　　　　　　　（b）

（c）

图 2-116　内曲面的显示方法与刮削姿势

（a）显示方法；（b）短刀柄刮削姿势；（c）长刀柄刮削姿势

五、质量分析

刮削中常见的质量问题有深凹痕、振痕、丝纹和表面形状不精确等，其产生的原因见表 2-7。

表 2-7　　　　　　　　　　　　　刮削质量分析

质 量 问 题	产 生 原 因
深凹痕（刮削表面很深的凹坑）	（1）刮削时刮刀倾斜； （2）用力太大； （3）刃口弧形刃磨得过小
振痕（刮削表面的一种连续性的波浪纹）	（1）刮削方向单一； （2）表面阻力不均匀； （3）推刮行程太长引起刀杆颤动
丝纹（刮削表面的粗糙纹路）	（1）刃口不锋利； （2）刃口部分较粗糙
尺寸和形状精度达不到要求	（1）显示点子时推磨压力不均匀，校准工具悬空，伸出工件太多； （2）校准工具偏小，与所刮平面相差太大，致使显点子不真实，造成错刮； （3）检验工具本身不正确； （4）工件放置不稳当

第九节　综　合　作　业

手锤图样如图 2-117 所示。

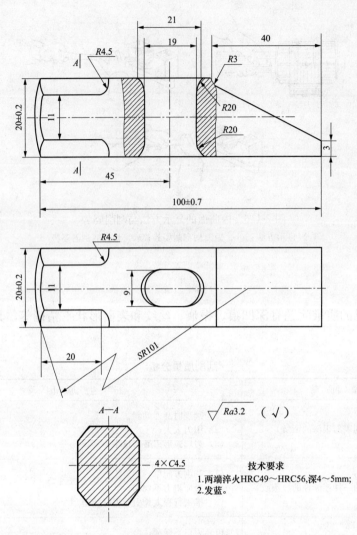

$\sqrt{}\ Ra3.2$　（√）

技术要求
1.两端淬火HRC49～HRC56,深4～5mm;
2.发蓝。

图 2-117　手锤

制作手锤步骤见表 2-8。

表 2-8　　　　　　　　　　　　　　制 作 手 锤 步 骤

操作序号	加工简图	加工内容	工具、量具
1. 备料	103 / 32	下料。 材料：45 钢、φ32 棒料、长度103mm	钢直尺
2. 划线	22 / 22	划线。 在 φ32 圆柱两端表面上划 22mm×22mm 的加工界线，并打样冲眼	划线盘，90°角尺，划针，样冲，手锤

续表

操作序号	加工简图	加工内容	工具、量具
3. 錾削		錾削一个面。 要求錾削宽度不小于 20mm，平面度、直线度 1.5mm	錾子，手锤，钢直尺
4. 锯削		锯削三个面。 要求锯痕整齐，尺寸不小于 20.5mm，各面平直，对边平行，邻边垂直	锯弓，锯条
5. 锉削		锉削 6 个面。 要求各面平直，对边平行，邻边垂直，断面成正方形，尺寸 $20^{+0.2}_{0}$mm	粗、中平锉刀，游标卡尺，90°角尺
6. 划线		划线。 按工件（图 2-117）尺寸全部划出加工界线，并打样冲眼	划针，划规，钢直尺，样冲，手锤，划线盘（游标高度尺）等
7. 锉削		锉削 5 个圆弧面。 圆弧半径符合图样要求	圆锉
8. 锯削		锯削斜面。 要求锯痕整齐	锯弓、锯条
9. 锉削		锉削 4 个圆柱面和一球面，要求符合图样要求	粗、中平锉刀
10. 钻孔		钻孔。 用 $\phi8$、$\phi9$ 钻头钻两孔	$\phi8$、$\phi9$ 钻头
11. 锉削		锉通孔。 用小方锉或小平锉锉掉留在两孔间的多余金属，用圆锉将长圆孔锉成喇叭口	小方锉或小平锉，8″中圆锉
12. 修光	—	修光。 用细平锉和砂布修光各平面，用圆锉和砂布修光各圆柱面	细平锉，砂布
13. 热处理	—	淬火。 两头锤击部分 HRC49～HRC56 心部不淬火	由实习指导教师统一编号进行，学生自检硬度

 **技能实训** 制作錾口锤头

一、实习教学要求

(1) 掌握钳工的综合作业。

(2) 掌握工量具的使用。

二、实习所需工具、量具及刃具

划针、划线平台、锉刀等。

三、錾口锤头图样

錾口锤头图样如图 2-118 所示。

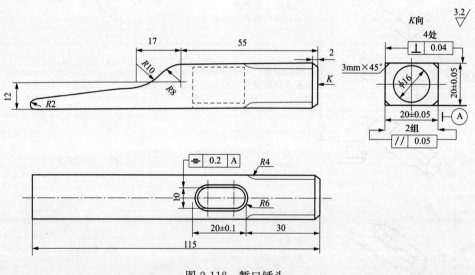

图 2-118 錾口锤头

四、任务实施

操作步骤参照综合作业。

五、评分标准

制作錾口锤头评分标准见表 2-9。

表 2-9   **制作錾口锤头评分标准**

序号	项目与技术要求	配分	评分标准	得分
1	尺寸要求（20±0.005）mm（2处）	8×2	超差 0.01mm 扣分 4 分	
2	平行度 0.05mm（2处）	4×2	超差 0.01mm 扣分 2 分	
3	垂直度 0.04mm（4处）	3×4	超差 0.01mm 扣分 3 分	
4	3mm×45°倒角尺寸正确（4处）	2×4	1 处不正确扣 2 分	
5	R4mm 圆弧连接圆滑、无坍角（4处）	2×4	1 处不符合要求扣 2 分	
6	R10mm 与 R8mm 圆弧面连接圆滑	8	1 处不圆滑扣 4 分	
7	头部斜面平直度 0.04mm	8	超差 0.01mm 扣分 4 分	
8	腰孔长度要求（20±0.010）mm	8	超差 0.05mm 扣分 4 分	
9	腰孔对称度 0.2mm	10	超差 0.05mm 扣分 4 分	
10	R2mm 圆弧面周滑	4	1 处不圆滑扣 3 分	
11	倒角均匀、各棱线清晰	5	每一棱线不符合要求扣 1 分	
12	表面粗糙度 $Ra \leqslant 3.2 \mu m$，纹理齐正	6	每一面不符合要求扣 1 分	
13	文明生产		违反规定酌情扣分	

第三章

车工基础知识和技能训练

第一节　车工简述和卧式车床结构介绍

在车床上，工件旋转，车刀在平面内作直线或曲线移动的切削称为车削。车削是用以改变毛坯的尺寸和形状等，使之成为零件的加工过程。切削加工是车工最常用的一种加工方法。车床占机床总数的一半左右，故在机械加工中具有重要的地位和作用。

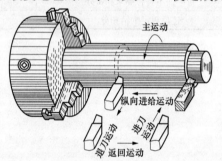

图 3-1　车削运动

一、车削的特点

车削是以工件旋转为主运动，车刀纵向或横向移动为进给运动的一种切削加工方法。例如：车外圆时各种运动的情况，如图 3-1 所示。

二、车床的加工范围

在车床所使用的刀具主要是车刀，还有钻头、铰刀、丝锥和滚花刀等。车床主要用来加工各种回转表面，如内、外圆柱面；内、外圆锥面；端面；内、外沟槽；内、外螺纹；内、外成形表面；丝杆、钻孔、扩孔、铰孔、镗孔、攻螺纹、套螺纹、滚花等，如图 3-2 所示。

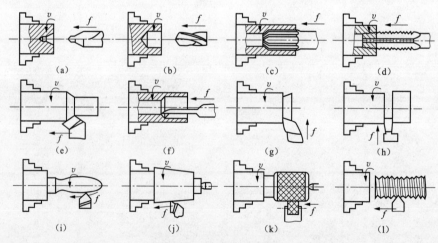

图 3-2　车削加工范围

（a）钻中心孔；（b）钻孔；（c）铰孔；（d）攻螺纹；（e）车外圆；（f）镗孔；
（g）车端面；（h）切槽；（i）车成形面；（j）车锥面；（k）滚花；（l）车螺纹

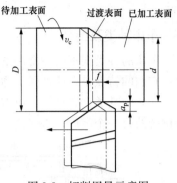

图 3-3 切削用量示意图

三、切削用量

在切削加工过程中的切削速度 v_c、进给量 f、背吃刀量 a_p 总称为切削用量。车削时的切削用量，如图 3-3 所示。切削用量的合理选择对提高生产率和切削质量有着密切关系。

1. 切削速度 v_c

切削刃选定点相对于工件的主运动的瞬间速度，单位为 m/s 或 m/min，可用下式计算

$$v_c = \frac{\pi D n}{1000}(\text{m/min}) = \frac{\pi D n}{1000 \times 60}$$

式中 D——工件加工表面直径，mm；

n——工件每分钟的转速，r/min。

2. 进给量 f

刀具在进给运动方向上相对工件的位移量，用工件每转的位移量来表达或度量，单位为 mm/r。

3. 背吃刀量 a_p

在通过切削刃基点（中点）并垂直于工作平面的方向（平行于进给运动方向）上测量的吃刀量，即工件待加工表面与已加工表面间的垂直距离，单位为 mm。可用下式表达

$$a_p = \frac{D - d}{2}(\text{mm})$$

式中：D、d 分别表示工件待加工、已加工表面直径，mm。

四、车床加工精度及表面粗糙度

车削加工的尺寸精度较宽，一般可达 IT12～IT7，精车时可达 IT6～IT5。表面粗糙度 Ra（轮廓算术平均高度）数值的范围一般是 6.3～0.8 μm，见表 3-1。

表 3-1　　　　　　　　　　　车床加工精度及表面粗糙度

加工类别	加工精度	相应表面粗糙度值 $Ra/\mu m$	标注代号	表面特征
粗车	IT12 IT11	25～50 12.5	0.4 0.2	可见明显刀痕 可见刀痕
半精车	IT10 IT9	6.3 3.2	1.6 0.8	可见加工痕迹 微见加工痕迹
精车	IT8 IT7	1.6 0.8	50 25 12.5	不见加工痕迹 可辨加工痕迹方向
精细车	IT6 IT5	0.4 0.2	6.3 3.2	微辨加工痕迹方向 可辨加工痕迹方向

五、车床种类及编号

车床的种类很多，最常用的为卧式车床、立式车床（见图3-4）、数控车床（见图3-5）。它们的特点是万能性强，适合加工各种工件。

车床依其类型和规格，可按类、组、型三级编成不同的型号，"C"为"车"字的汉语拼音的第一个字母，直接读音为"车"。

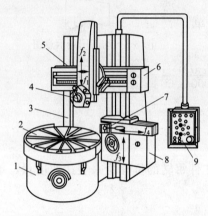

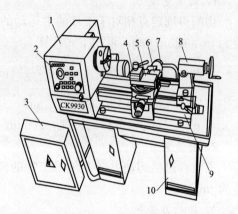

图 3-4　立式车床

1—底座；2—工作台；3—立柱；4—垂直刀架；

5—横梁；6—刀架进给箱；7—侧刀架；

8—侧刀架进给箱；9—控制箱

图 3-5　数控车床

1—床头箱（步进电动机）；2—控制箱；3—电气柜；

4—回转刀架；5—小刀架；6—中刀架；7—步进电动机；

8—尾架；9—床身；10—床脚

现以 C620 型和 CA6140 型卧式车床为例：

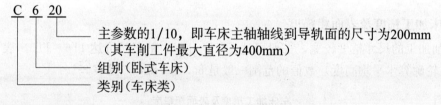

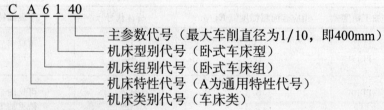

（1）C620 型车床的主要技术规格如下：

床身上最大工件回转直径：400mm；

中心高：202mm；

通过主轴最大棒料直径：37mm；

主轴孔前端锥度："莫氏"5号；

刀架最大行程，横向行程：260mm；

小拖板行程：100mm；

主电动机功率：7kW。

（2）CA6140 型车床的主要技术规格如下：

床身上最大工件回转直径：400mm；

中心高：205mm；

通过主轴最大棒料直径：48mm；

主轴孔前端锥度："莫氏"6 号；

刀架最大行程，横向行程：260mm，195mm；

小拖板行程：139mm，165mm；

纵向快速移动：4m/min；

横向快速移动：2m/min；

主电动机功率：7.5kW。

六、卧式车床的组成和功能

卧式车床的组成部分主要有主轴箱、进给箱、溜板箱、光杠、丝杠、方刀架、尾座、床身及床腿等。以常用 CA6140 型卧式车床的为例说明卧式车床的结构，如图 3-6 所示。

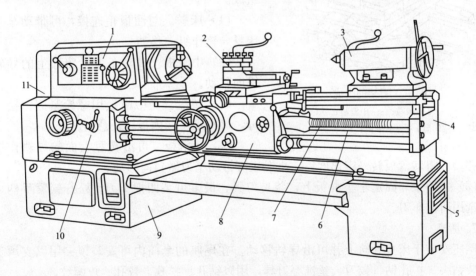

图 3-6　CA6140 型卧式车床示意图

1—主轴箱；2—刀架；3—尾座（在尾座套筒内安装顶尖，可支持工件）；4—床身；5、9—床腿；
6—光杠；7—丝杠；8—溜板箱；10—进给箱；11—交换齿轮

1. 床身

车床床身是基础零件，用来安装车床各部件，并保证各部件之间准确的相对位置。床身上面有保证刀架正确移动的三角导轨和供尾座正确移动的平导轨。

2. 主轴箱

主轴箱支承主轴且内装部分主轴变速机构，将由变速箱传来的 6 种转速转变为主轴的 12 种转速。主轴为空心结构，可穿入圆棒料，主轴前端的内圆锥面用来安装顶尖，外圆锥面用来安装卡盘等附件。主轴再经过齿轮带动交换齿轮，将运动传给进给箱。

3. 进给箱

进给箱是传递进给运动并改变进给速度的变速机构。它将主轴的旋转运行，经过变换齿轮上的齿轮传给光杠或丝杠。进给箱内有多组齿轮变速机构，通过手柄改变变速齿轮的位置，可使光杠或丝杠获得不同的转速，以得到加工所需的进给量或螺距。

4. 变速箱

主轴的变速主要由变速箱完成。变速箱内有变速齿轮，通过改变变速手柄的位置来改变主轴的转速。

5. 溜板箱

溜板箱与床鞍和刀架连接，将光杠的转动转变为车刀的纵向或横向移动，通过"开合螺母"将丝杠的转动转变为纵向移动，用以车螺纹。

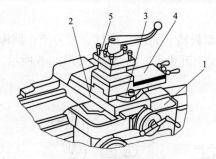

图 3-7 刀架的组成
1—床鞍；2—中滑板；
3—转盘；4—小滑板；5—方刀架

6. 刀架

刀架用来夹持车刀，使其作横向、纵向或斜向进给，如图 3-7 所示，刀架由以下几部分组成。

（1）床鞍。与溜板箱连接，可带动车刀沿床身导轨作纵向移动。

（2）中滑板。带动车刀沿床鞍上的导轨作横向移动。

（3）转盘。与中滑板用螺栓紧固。松开螺母，可在水平面内扳转任意角度。

（4）小滑板。可沿转盘上面的导轨作短距离的移动。将转盘扳转一定角度后，小滑板可带动车刀做斜向移动。

（5）方刀架。固定于小滑板上，装夹刀具，最多可装四把车刀。松开锁紧手柄可转动以选用所需车刀。

7. 尾座

尾座安装于床身导轨上并可沿导轨移动。在尾座的套筒内可安装顶尖用以支承工件或安装钻头、扩孔钻、铰刀、丝锥等刀具，用以钻孔、扩孔、铰孔、攻螺纹。

8. 床腿

床腿支承床身并与地基连接。

车床除以上主要组成部分外，还有动力源、液压冷却和润滑系统以及照明系统等。

其他类型车床的基本结构与卧式车床类似。

七、卧式车床的传动系统

CA6140 型卧式车床的传动系统图，如图 3-8 所示。

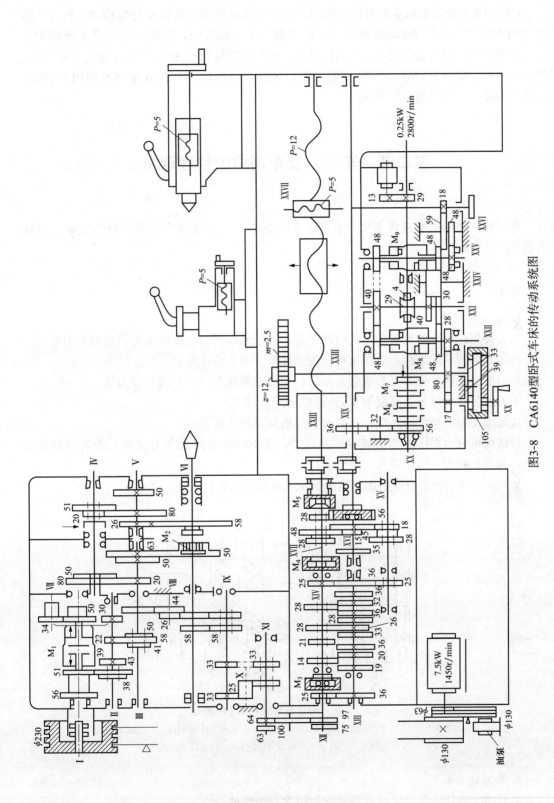

图3-8　CA6140型卧式车床的传动系统图

CA6140 型卧式车床主要有两条传动路线：一条是电动机的转动经带传动，再经主轴箱中的主轴变速机构把运动传给主轴，使主轴产生旋转转动，这条运动传动系统称为主运动传动系统；另一条是主轴的旋转运动经变换齿轮机构、进给箱中的齿轮变速机构、光杠或丝杠、溜板箱把运动传给刀架，使刀具纵向或横向移动或在车螺纹时纵向移动，这条传动系统称为进给传动系统。

第二节　车刀以及车削中的物理现象

车刀在切削加工中起着重要的作用。车刀的材料、角度及安装等，对切削加工过程有着重大的影响。

一、车刀

1. 车刀的种类

车刀按用途可分为外圆车刀、内圆车刀、切断或切槽刀、螺纹车刀及成形车刀等。

内圆车刀按其能否加工通孔又可分为通孔车刀或不通孔车刀。

车刀按其形状可分为直头或弯头车刀、尖刀或圆弧车刀、左或右偏刀等。

车刀按其材料可分为高速钢车刀或硬质合金车刀等。

按被加工表面精度的高低，车刀可分为粗车刀和精车刀。

按结构可分为焊接式和机械夹固式两类，其中机械夹固式车刀又按其能否刃磨分为重磨式和不重磨式（转位式）。

如图 3-9 所示为车刀按用途分类的情况及所加工的各种表面。

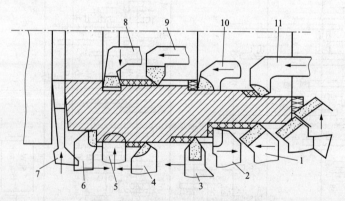

图 3-9　车刀的分类与加工的各种表面

1—45°弯头车刀；2—90°外圆车刀；3、9—螺纹车刀；4—75°外圆车刀；5—成形车刀；
6—90°左切外圆车刀；7、8—车槽刀（切断刀）；10、11—内孔车刀

2. 车刀的材料

车刀切削部分的常用材料有高速钢和硬质合金两种。

（1）高速钢。又叫锋钢或白钢，它是以钨（W）、铬（Cr）、钒（V）、钼（Mo）为主要合金元素的高级合金钢。其硬度、耐磨性和耐热性都有显著提高。淬火后硬度可达到HRC61～HRC65，红硬性可达 600℃，广泛用于制造复杂的刀具，如钻头、铣刀、拉刀和其他成形刀具。常用牌号有 W18Cr4V、W9Cr4V2 等。其耐热性较差，适用于低速切削。

（2）硬质合金。硬质合金是目前应用最为广泛的一种车刀材料，适合高速切削。是具有高耐磨性和高耐热性的碳化钨（WC）和碳化钛（TiC）等金属粉末，以钴（Co）作为黏合剂，用粉尘冶金法制得而成。其硬度很高，可达 HRC74～HRC82，能耐 800～1000℃高温，允许切削速度可达 100～300m/min，但硬质合金的抗弯强度低，冲击韧性较差。目前，硬质合金按其成分不同，主要有钨钴类（YG）和钨钛钴类（YT）。

1）钨钴类。由碳化钨和钴组成。含钴较多，故韧性好，但硬度和耐磨性较差，适合于加工铸铁、青铜等脆性材料。常用牌号为 YG8、YG6、YG3，依次适用于粗加工、半精加工、精加工。

2）钨钛钴类。由碳化钨、碳化钛和钴组成。由于加入了碳化钛、因而耐热性和耐磨性增加，能耐 900～1000℃的高温。但因含钴量减少，韧性下降，性脆而不耐冲击，适合于加工钢材等塑性材料。常用牌号为 YT5、YT15、YT30，依次适用于粗加工、半精加工、精加工。

3. 车刀用途

（1）90°车刀。也叫偏刀，用来车削工件外圆、端面和台阶。偏刀分为左偏刀和右偏刀两种，常用的是右偏刀，它的刀刃向左，如图 3-9 中所示的 2、6 号车刀。

（2）45°车刀。也叫弯头车刀，主要用于车削不带台阶的光轴，它可以车外圆、端面和倒角。45°车刀使用比较方便，刀头和刀尖部分强度高，如图 3-9 所示中的 1 号车刀。

（3）75°车刀。适用于粗车加工余量大、表面粗糙、有硬皮或形状不规则的零件。它能承受较大的冲击力，刀头强度高，耐用度高，如图 3-9 所示中的 4 号车刀。

（4）镗孔刀。用来车削工件的内孔车刀叫镗孔刀。它可分为通孔刀和不通孔刀两种。通孔刀的主偏角小于 90°，一般在 45°～75°，副偏角 20°～45°，扩孔刀的后角应比外圆车刀稍大，一般为 10°～20°。不通孔刀的主偏角应大于 90°，刀尖在刀杆的最前端，为了使内孔底面车平，刀尖与刀杆外端距离应小于内孔的半径，如图 3-9 所示中的 10、11 号车刀。

（5）切断或切槽刀。用来切削工件或车削工件的沟槽。切断刀的刀头较长，其刀刃也狭长，这是为了减少工件材料消耗和切断时能切到中心的缘故。因此，切断刀的刀头长度必须大于工件的半径。切槽刀与切断刀基本相似，只不过其形状应与槽间一致，如图 3-9 所示中的 7、8 号车刀。

（6）成形车刀。用来车削工件的成形面，如图 3-9 所示中 5 号车刀。

（7）螺纹车刀。用来车削各种不同规格的内外螺纹。螺纹按牙型有三角形、方形和梯形等，相应使用三角形螺纹车刀、方形螺纹车刀和梯形螺纹车刀等。螺纹的种类很多，其中以三角形螺纹应用最广。采用三角形螺纹车刀车削米制螺纹时，其刀尖角必须为60°，前角取 0°，如图 3-9 所示中的 3、9 号车刀。

4. 车刀的组成

车刀由刀头和刀杆两部分组成，如图 3-10 所示。刀头是车刀的切削部分，刀杆是车刀的夹持部分。

车刀的切削部分由前刀面、主后刀面、副后刀面和主切削刃、副切削刃、刀尖（三面两刃一尖）组成。

前刀面：车刀上切屑流经的表面。

主后刀面：车刀上与工件过渡面相对的表面。

副后刀面：车刀上与工件已加工表面相对的表面。

主切削刃：前刀面与主后刀面相交的部分，担负主要切削任务（也叫主刀刃）。

副切削刃：前刀面与副刀面相交的部分，靠近刀尖部分参加少量的切削工件（也叫副刀刃）。

刀尖：主切削刃与副切削刃连接处的那一小部分切削刃。为了增加刀尖处的强度，改善散热条件，在刀尖处磨有过渡刃。

5. 车刀的几何角度及其作用

车刀切削部分在辅助平面中的位置，形成了车刀的几何角度。车刀的主要角度有前角 γ_o、后角 α_o、主偏角 k_r、副偏角 k_r'，如图 3-11 所示。

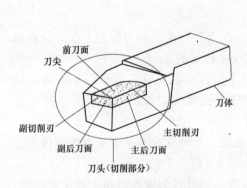

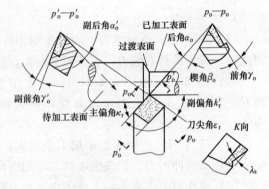

图 3-10　车刀切削部分的组成　　　　图 3-11　车刀切削部分的主要角度

（1）前角 γ_o。前角是指前面与基面间的夹角，其角度在正交平面中测量。增大前角会使前面倾斜程度增加，切屑易流经刀具前面，且变形小而省力；但前角也不能太大，否则会削弱刀刃强度，容易崩坏。前角一般取 $5°\sim20°$。加工硬材料应取小值，精加工时应取大值。

（2）后角 α_o。后角是指后面与切削平面间的夹角，其作用是减小车削时主后面与工件间的摩擦，降低切削时的振动，提高工件表面加工质量。一般取 $3°\sim12°$，粗加工或切削较硬材料时，取小值，精加工或切削较软材料时取大值。

（3）主偏角 k_r。主偏角是指主切削平面与假定工作平面间的夹角。减小主偏角，可使刀尖强度增加，散热条件改善，提高刀具使用寿命，但同时也会使刀具对工件的背向力增大，使工件变形而影响加工质量。通常取 $45°$、$60°$、$75°$ 和 $90°$。

（4）副偏角 k_r'。副偏角是指副切削平面与假定工作面间的夹角，其作用是减少副切削刃与已加工表面间的摩擦，以提高工件表面加工质量，一般取 $5°\sim15°$。

6. *车刀的刃磨*

（1）砂轮的选择。目前常用的砂轮有氧化铝和碳化硅两类。

1）氧化铝砂轮多呈白色，其砂粒韧性好，比较锋利，但硬度稍低，常用于刃磨高速钢车刀和硬质合金刀的碳素钢部分。

2）碳化硅砂轮多呈绿色，其砂粒硬度高，切削性能好，但较脆，适用于刃磨硬质合金车刀。

砂轮的粗细以粒度（标注数值越大表示砂轮颗粒越细）。粗磨时用粗粒度（小数值），精磨时用细粒度（大数值）。

（2）车刀的刃磨步骤。车刀用钝后，需重新刃磨才能得到合理的几何角度和形状。通常车刀在砂轮上用手工进行刃磨，刃磨车刀的步骤如图 3-12 所示。

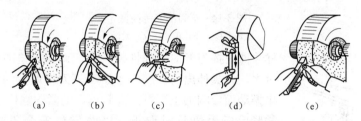

图 3-12 刃磨外圆车刀的一般步骤

(a) 磨主后面；(b) 磨副后面；(c) 磨前面；(d) 刃磨断屑槽；(e) 磨刀尖圆弧

1）磨主后面。按主偏角大小将刀杆向左偏斜，再将刀头向上翘，使主后面自下而上慢慢地接触砂轮，如图 3-12（a）所示。

2）磨副后面。按副偏角大小将刀杆向右偏斜，再将刀头向上翘，使副后面自下而上慢慢地接触砂轮，如图 3-12（b）所示。

3）磨前面。先将刀杆尾部下倾，再按前角大小倾斜前面，使主切削刃与刀杆底部平行或偏斜一定角度，再使前面自下而上慢慢地接触砂轮，如图 3-12（c）所示。

4）磨断屑槽。左手拇指与食指握刀柄上部，右手握刀柄下部，刀头前面接触砂轮的左侧交角处，并与砂轮外圆成一夹角，这一夹角在车刀上就构成了一个前角，如图 3-12（d）所示。

5）磨刀尖圆弧过渡刃。刀尖上翘，使过渡刃有后角，为防止圆弧刃过大，需轻靠或轻摆刃磨，如图 3-12（e）所示。

经过刃磨的车刀，用油石加少量机油对切削刃进行研磨，可以提高刀具耐用度和工件表面的加工质量。

注：断屑槽的目的是在对塑性金属进行高速切削时，会产生带状切屑缠绕在工件、车刀或机床零件上，会损坏刀具和降低工件车削质量，而且随时会飞散出来，给操作者造成麻烦和危险。所以必须根据切削用量、工件材料和切削要求，在前刀面上磨出尺寸、形状不同的断屑槽。断屑槽常见的有圆弧和直线两种，如图 3-13 所示。

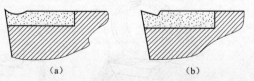

图 3-13 断屑槽的两种形式

(a) 圆弧形；(b) 直线形

① 圆弧形断屑槽一般前角较大，用于高速钢车刀和车削较软的塑性材料的硬质合金车刀。

② 直线形断屑槽一般前角较小，适宜车削较硬的材料或粗加工。

7. 车刀的安装

安装后的车刀刀尖必须与工件轴线等高，如图 3-14 所示，刀杆与工件轴线垂直，这

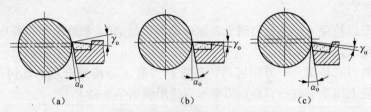

图 3-14　车刀的安装高低

(a) 太高；(b) 正确；(c) 太低

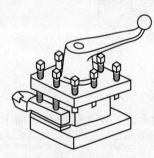

图 3-15　车刀的锁紧

样才能发挥刀具的切削性能。合理调整刀垫的片数不能垫得过多，刀尖伸出的长度应小于车刀刀杆厚度的两倍，以免产生振动而影响加工质量。夹紧车刀的紧固螺栓至少拧紧两个，拧紧后扳手要及时取下，以防发生安全事故。如图 3-15 所示。

二、车削的物理现象

1. 切屑的形成

刀具对工件进行切削，被切削的金属层在刀具切削刃和前面的挤压作用下将产生弹性变形和塑性变形。被切削的金属层的应力较小时，产生的弹性变形；当应力达到屈服点时，开始产生塑性变形，即产生晶体滑移现象。当继续切削瞬间，应力和变形达到最大值时，切削层金属被切离并沿刀具前面流出，形成了切屑，如图 3-16 所示。

2. 切屑的种类

不同的金属材料或不同的切削条件，切削时将产生不同的变形情况，即产生不同类型的切屑。常见的切屑呈带状、节状及崩碎状三种，如图 3-17 所示。

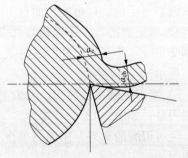

图 3-16　车削外圆正交平面图

图 3-17　切屑的种类

(a) 带状切屑；(b) 节状切屑；(c) 崩碎切屑

3. 积屑瘤

切削塑性材料时，有时会在刀尖部位粘结着一小块很硬的金属楔块，它称为积屑瘤，如图 3-18 所示。

积屑瘤的硬度很高，是工件硬度的 $2\sim3.5$ 倍，可保护刀刃代替刀刃切削。同时，积屑瘤增大了刀具的实际工件前角，使切削力下降，故对粗加工有利。另一方面，由于积屑瘤在切削过程中是不稳定的，其大部分被切屑带走，小部分被挤压到已加工表面，形成许多硬质点，使已加工表面粗糙度值增大，故精加工时应防止产生积屑瘤。

精加工时，采用低速或高速切削，减小进给量，增大刀具前角，减小刀具前面表面粗糙度值，合理使用切削液，这些都是防止产生积屑瘤的有效措施。

4. 切削力

在切削过程中，存在着切削层金属产生弹性变形和塑性变形的抗力，还存在着刀具与切屑、工件表面间的摩擦阻力，它们的合力即总切削合力 F。例如车外圆时，可将总切削力 F 分解成三个互相垂直的分力，即切削力 F_c、背向力 F_p、进给力 F_f，如图 3-19 所示。

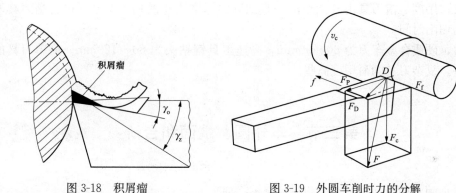

图 3-18　积屑瘤　　　　　　　图 3-19　外圆车削时力的分解

5. 切削热

在切削过程中，切削力所做的功几乎全部转换成热量，使切削区的温度升高，引起工件的热变形，其结果是影响工件的加工精度，加速了刀具的磨损。切削层金属由弹性变形和塑性变形而生成的热量大部分传给切屑，其小部分传给工件、刀具和周围介质。传给切屑的热量占 $58\%\sim86\%$，传给工件的热量占 $9\%\sim30\%$，传给刀具的热量占 $4\%\sim10\%$，周围介质吸收的热量 1% 左右。

工件材料的硬度、强度越高，切削力越大，消耗能量越多，切削产生的热量也就越多，切削温度也会越高。另外，如果工件的导热系数小，导热较差，切削温度也高。

6. 刀具的磨损与刀具耐用度

（1）刀具磨损。在切削过程中，刀具在高温、高压和剧烈摩擦的作用下会产生严重磨损，其磨损分为正常磨损和非正常磨损。

非正常磨损是指刀具在切削过程中突然发生的破损现象，如突然崩刃、产生裂纹、刀片破碎、卷刃等，其产生的主要原因是因为刀具材料、刀具角度及切削用量选择不合理引起的。

正常磨损是指刀具在设计、制造与刃磨合乎要求与使用合理的情况下在切削过程中产生的磨损，正常磨损有后面磨损、前面磨损和前后同时磨损三种形式，如图 3-20 所示。

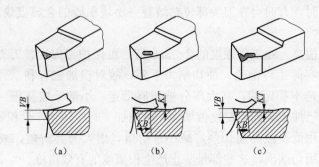

图 3-20　刀具正常磨损形式

(a) 后面磨损；(b) 前面磨损；(c) 前后面同时磨损

(2) 刀具耐用度。刀具磨损到一定程度就不能继续使用了，应重新去磨刀，否则刀具的切削力、切削温度会急剧上升，产生振动与噪声，使工件表面粗糙度值增大，使刀具切削性能下降。

刀具耐用度是指刀具由开始切削一直到磨钝标准为止的切削时间，也就是刀具两次刃磨间的切削时间。

通常，硬质合金车刀为 60～90min，高速工具钢钻头为 80～120min。简单刀具的耐用度低些，复杂刀具的耐用度高些。

第三节　车外圆、端面和台阶

工件外圆与端面的加工是车削中最基本的加工方法。

一、工件在车床上的装夹及所用附件

工件的装夹方法应根据工件的尺寸形状和加工要求选择。装夹时，必须准确、牢固可靠。例如用三爪自定心卡盘装夹时，应用扳手依次将三个卡爪拧紧，使卡爪受力均匀。夹紧后，及时取下扳手，以免开车时飞出伤人或砸坏设备。在车床上常用的装夹附件有三爪自定心卡盘、四爪卡盘、顶尖、中心架、跟刀架、心轴、花盘和弯板等，以适应不同形状和尺寸的工件的装夹。

1. 用三爪自定心卡盘安装

三爪自定心卡盘是车床上最常用的附件，三爪自定心卡盘构造如图 3-21 所示。

当转动小锥齿轮时，可使与它相啮合的大锥齿轮随之转动，大锥齿轮背面的平面螺纹使三个卡爪同时向中心靠近或退出，以夹紧不同直径的工件。由于三个卡爪是同时移动的，用于夹持圆形断面工件可自行对中，其对中的准确度为 0.05～0.15mm。三爪自定心卡盘还附带三个"反爪"，换到卡盘上即可用来安装直径较大的工件，如图 3-21（C）所示。

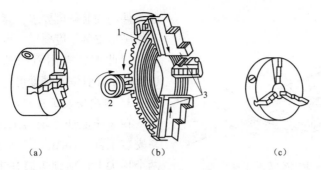

图 3-21 三爪自定心卡盘构造

(a) 三爪卡盘外形；(b) 三爪卡盘内部结构；(c) 反三爪卡盘

车床三爪自定心卡盘和主轴的连接如图 3-22 所示。主轴前部的外锥面和卡盘的锥孔配合起定心作用，键用来传递运动，螺母将卡盘锁紧在主轴上。安装时，要擦干净主轴的外锥面和卡盘的锥孔，在床身上垫以木板，防止卡盘掉下来砸坏床面。

2. 用四爪卡盘安装工件

四爪卡盘外形如图 3-23 所示。它的四个卡爪通过四个调整螺钉独立移动，因此用途广泛。它不但可以装夹断面是圆形的工件，还可以装夹断面是方形、长方形、椭圆或其他不规则形状的工件，如图 3-24 所示。在圆盘上车偏心孔也常用四爪卡盘装夹。此外，四爪卡盘比三爪自定心卡盘的卡紧力大，所以也用来装夹比较重的圆形断面工件。如果把四个卡爪各自调头安装到卡盘体上，起到"反卡"作用，即可安装较大的工件。

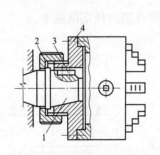

图 3-22 三爪自定心卡盘和主轴的连接

1—主轴；2—圆环形外螺纹；3—键；4—卡盘座

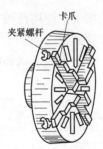

3-23 四爪卡盘

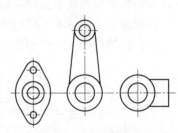

图 3-24 适合四爪卡盘

装夹的零件举例

由于四爪卡盘的四个爪是独立移动，在安装工件时需进行仔细地找正工作。一般用划针盘按工件外圆表面或内孔表面找正，也常按预先在工件上划的线找正，如图 3-25 (a) 所示。

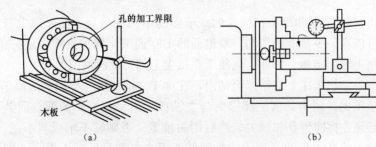

图 3-25 用四爪卡盘安装工件时的找正

(a) 用划针盘找正；(b) 用百分表找正

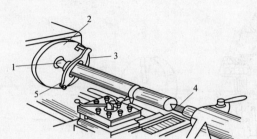

图 3-26　用顶尖安装工件
1—前顶尖；2—拨盘；3—卡箍；
4—后顶尖；5—夹紧螺钉

如零件的安装精度要求很高，三爪自定心卡盘不能满足安装精度要求，也往往在四爪卡盘上安装。此时，需用百分表找正，如图 3-25 (b) 所示，其安装精度可达 0.01mm。

3. 顶尖安装工件

在车床上加工轴类工件时，往往用顶尖来安装工件，如图 3-26 所示。把轴架在前后两个顶尖上，前顶尖装在主轴的锥孔内，并和主轴一起旋转，后顶尖装在尾架套筒内，前后顶尖就确定了轴的位置。将卡箍卡紧在轴端上，卡箍的尾部伸入到拨盘的槽中，拨盘安装在主轴上（安装方式与三爪卡盘相同）并随主轴一起转动，通过拨盘带动卡箍即可使轴转动。常用的顶尖有普通顶尖（也叫死顶尖）和活动尖两种，其形状如图 3-27 所示。前顶尖用死顶尖。在高速切削时，为了防止顶尖与中心孔由于摩擦发热过大而磨损或烧坏，常采用活顶尖。由于活顶尖的准确度不如死顶尖高，故一般用于轴的粗加工或半精加

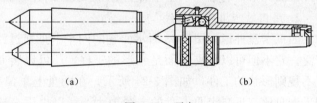

图 3-27　顶尖
(a) 普通顶尖；(b) 活顶尖

工，轴的精度要求比较高时，后顶尖也应用死顶尖，但要合理选择切削速度。

用双顶尖安装轴类工件的步骤如下。

（1）在轴的两端打中心孔。中心孔的形状如图 3-28 所示，有普通和双锥面的两种。

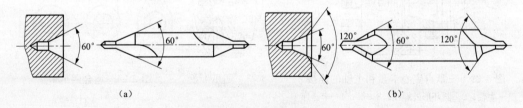

图 3-28　中心孔与中心钻
(a) 普通中心孔；(b) 双锥面中心孔

中心孔的锥面（60°）是和顶尖相配合的。前面的小圆孔是为了保证顶尖与锥面能紧密接触，此外还可以存留少量的润滑油。双锥面的 120°面又叫保护锥面，是防止 60°锥面被碰坏而不能与顶尖紧密接触。另外，也便于在顶尖上加工轴的端面。

中心孔多用中心钻在车床上或钻床上钻出，在加工之前一般先把轴的端面车平。

（2）安装校正顶尖。顶尖是借尾部锥面与主轴或尾架套筒锥孔的配合而装紧的，因此安装顶尖时，必须先擦净锥孔和顶尖，然后用力推紧；否则装不牢或装不正。校正时，把尾架移向床头箱，检查前后两个顶尖的轴线是否重合。如果发现不重合，则必须将尾架体作横向调节，使之符合要求，如图 3-29 所示。

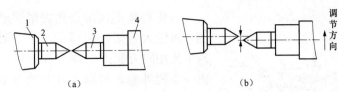

图 3-29 两顶尖轴线应重合

(a) 重合；(b) 不重合

1—主轴；2—前顶尖；3—后顶尖；4—尾座

（3）安装工件。首先在轴的一端安装卡箍，如图 3-30 所示，稍微拧紧卡箍的螺钉。另一端的中心孔涂上黄油。但如用活顶尖，就不必涂黄油。对于已加工表面，装卡箍时应该垫上一个开缝的管或包上薄铁皮以免夹伤工件。轴在顶尖上安装的步骤，如图 3-31 所示。

在顶尖上安装轴类工件，由于两端都是锥面定

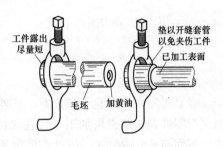

图 3-30 装卡箍

位，其定位的准确度比较高，即使多次装卸与调头，零件的轴线始终是两端锥孔中心的连线，保持了轴的中心线位置不变。因而，能保证在多次安装中所加工的各个外圆面有较高的同轴度。

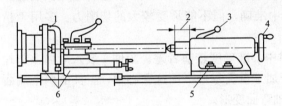

图 3-31 顶尖间装夹工件

1—夹紧工件；2—调整套筒伸出长度；3—锁紧套筒；

4—调整工件与顶尖松紧；5—将尾座固定；

6—刀架移至车削行程左侧，

用手转动拔盘，检查是否会碰撞

轴的右端来进行加工，如图 3-32（b）所示。

4. 中心架与跟刀架的使用

加工细长轴时，为了防止轴受切削力的作用而产生弯曲变形，往往需要加用中心架或跟刀架。中心架固定在床身上，其三个爪支承于零件预先加工的外圆面上。如图 3-32（a）所示，是利用中心架车外圆，零件的右端加工完毕，调头再加工另一端。一般多用于加工阶梯轴。长轴加工端面和轴端的内孔时，往往用卡盘夹持轴的左端、用中心架支承

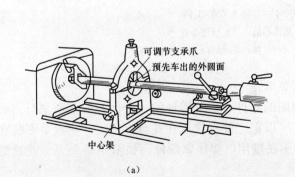

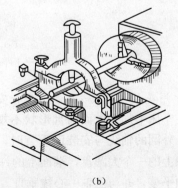

图 3-32 中心架的应用

(a) 用中心架车外圆；(b) 用中心架车端面

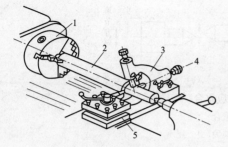

图 3-33　跟刀架的应用

1—三爪卡盘；2—工件；3—跟刀架；

4—尾座；5—刀架

与中心架不同的是跟刀架固定在大刀架的左侧，可随大刀架一起移动，跟刀架中有两个支承爪。使用跟刀架需先在工件上靠后顶尖的一端车出一小段外圆，根据它调节跟刀架的支承，然后再车出零件的全长。跟刀架多用于加工细长的光轴。跟刀架的应用如图 3-33 所示。

应用跟刀架或中心架时，工件被支承部分应是加工过的外圆表面，并要加机油润滑。工件的转速不能很高，以免工件与支承爪之间摩擦过热而烧坏或磨损支承爪。

5. 用心轴安装工件

盘套类零件在卡盘上加工时，其外圆、孔和两个端面无法在一次装夹中全部加工完，如果把零件调头装夹再加工，往往无法保证零件的径向圆跳动（外圆与孔）和端面圆跳动（端面与孔）的要求。因此需要利用已精加工过的孔把零件装在心轴上，再把心轴安装在前后顶尖之间来加工外圆和端面。

心轴种类很多，常用的有圆锥心轴和圆柱心轴。

如图 3-34（a）所示为圆锥心轴，锥度一般为 1：5000～1：2000。工件 1 压入后靠摩擦力与心轴紧固。这种心轴装卸方便，对中准确，但不能承受较大的切削力。多用于精加工盘套类零件。

如图 3-34（b）所示为圆柱心轴，其对中心准确度较前者差。工件 1 装入后加上垫片 4，用螺母 3 锁紧。其夹紧力较大，多用于加工盘类零件。用这种心轴，工件的两个端面都需要和孔垂直，以免当螺母拧紧时，心轴弯曲变形。

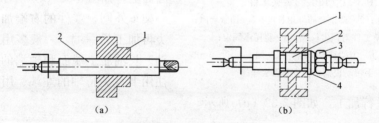

（a）　　　　　　　　　　　　（b）

图 3-34　心轴上安装工件

（a）圆锥心轴；（b）圆柱心轴

1—工件；2—心轴；3—螺母；4—垫片

6. 用花盘、弯板及压板、螺栓安装工件

在车床上加工大而扁且形状不规则的零件，要求零件的一个面与安装面平行，或要求孔、外圆的轴线与安装面垂直时，可以把工件直接压在花盘上加工。花盘是安装在车床主轴上的一个大圆盘，端面上的许多长槽用以穿压紧螺栓，如图 3-35 所示。花盘的端面必须平整，并与主轴中心线垂直。

有些复杂的零件，要求孔的轴线与安装面平行或要求两孔的轴线垂直相交，则将弯板压紧在花盘上，再把零件紧固于弯板上，如图 3-36 所示。弯板上贴靠花盘和安放工件的两个面，应有较高的垂直度要求。弯板要有一定的刚度和强度，装在花盘上要经过仔细找正。

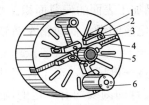

图 3-35 花盘上安装工件
1—垫铁；2—压板；3—螺钉；4—螺钉槽；
5—工件；6—平衡铁

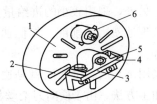

图 3-36 花盘、弯板安装工件
1—花盘；2—螺钉槽；3—弯板；4—安装基面；
5—工件；6—平衡铁

用花盘、弯板安装工件，由于重心偏向一边，要在另一边上加平衡铁予以平衡，以减少转动时的振动。

二、车外圆

将工件车削成圆柱形外表的方法称为车外圆，几种车外圆的情况，如图 3-37 所示。

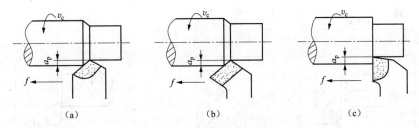

图 3-37 外圆车削
（a）尖刀车外圆；（b）弯头刀车外圆；（c）偏刀车外圆

车削方法一般采用粗车和精车两个步骤。

1. 粗车

粗车的目的是尽快地从工件上切去大部分加工余量，使工件接近图样要求的形状和尺寸。粗车要给精车留有适当的加工余量，其精度和表面粗糙度要求并不高，因此粗车的目的之一是提高生产率。为了保证刀具耐用及减少刃磨次数，粗车时，要先选用较大的背吃刀量，其次根据可能，适当加大进给量，最后选取合适的切削速度。粗车刀一般选用尖头刀、弯头刀或 75°偏刀。

2. 精车

精车的目的是切去粗车给精车留下的加工余量，以保证零的尺寸精度或表面粗糙度。精车后工件尺寸公差等级可达 IT7 级，表面粗糙度 Ra 值可达 $1.6\mu m$。对于尺寸公差等级和表面粗糙度要求更高的表面，精车后还需进行磨削加工。在选择精车切削用量时，首先应先取合适的切削速度（高速或低速），再选取进给量（较小），最后根据工件尺寸来确定背吃刀量。

精车时为了保证工件的尺寸精度和减小表面粗糙度值可采取下列几点措施。

（1）合理地选择精车刀的几何角度及形状。如加大前角可使刃口锋利，减小副偏角和刀尖圆弧能使已加工表面残留面积减小，前后刀面及刀尖圆弧用油石磨光等。

（2）合理地选择切削用量。在加工钢等塑性材料时，采用高速或低速切削可防止出现积屑瘤。另外，采用较小的进给量和背吃刀量可减少已加工表面的残留面积。

（3）合理地使用切削液。如低速精车钢件时可用乳化液润滑，低速精车铸铁时可用煤油润滑等。

（4）采用试车法。试切法就是通过试切→测量→调整→再试切，至工件尺寸达到符合要求的加工方法。由于横向刀架丝杠及螺母的螺距与度盘的刻线均有一定的制造误差，仅按度盘确定吃刀量难以保证精车的尺寸精度，因此，需要通过试切来准确控制尺寸。此外，试切也可防止进错刻度而造成废品。车削外圆工件时的试切方法与步骤，如图 3-28 所示。

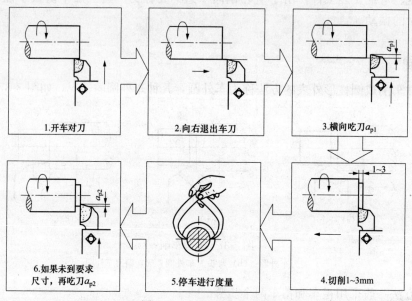

1.开车对刀   2.向右退出车刀   3.横向吃刀 a_{p1}

6.如果未到要求尺寸，再吃刀 a_{p2} 5.停车进行度量   4.切削1~3mm

图 3-38　试切方法与步骤

三、车端面

对工件端面进行车削的方法称为车端面。车端面采用端面车刀，当工件旋转时，移动床鞍（或小滑板）控制吃刀量，横滑板横向走刀便可进行车削。图 3-29 所示为车削端面的几种情形。

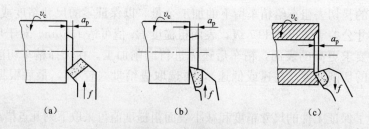

（a）　　　　　（b）　　　　　（c）

图 3-39　车削端面
（a）弯头车刀车端面；（b）偏刀向中心走刀车端面；（c）偏刀向外走刀车端面

车端面时应注意：刀尖要对准工件中心，以免车出的端面留下小凸台。由于车削时被切部分直径不断变化，引起切削速度的变化。所以。车大端面时要适当调整转速：车刀在靠近工件中心处的转速高些，靠近工件外圆处的转速低些。车削后的端面不平整是车刀磨损或吃刀量过大导致床鞍移动造成的，因此要及时刃磨车刀并将床鞍紧固在床身上。

四、车台阶

　　车削台阶处外圆和端面的方法称为车台阶。车台阶常用主偏角 $k_r \geqslant 90°$ 的偏刀车削，在车削外圆的同时车出台阶端面。台阶高度小于 5mm 时可用一次走刀切出，高度大于 5mm 的台阶可用分层法多次走刀后再横向切出，如图 3-40 所示。

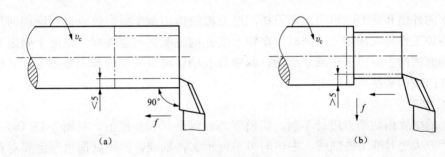

图 3-40　车削台阶
（a）一次走刀；（b）多次走刀

　　台阶长度的控制和测量方法，如图 3-41 所示。

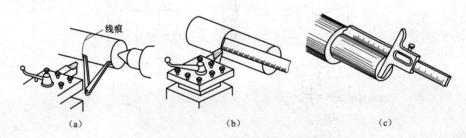

图 3-41　台阶长度的控制和测量方法
（a）卡钳测量；（b）钢直尺测量；（c）深度尺测量

第四节　切　槽　与　切　断

一、切槽

　　在工件表面上车削沟槽的方法，称为切槽。用车削加工的方法所加工出槽的形状有外槽、内槽和端面槽等，如图 3-42 所示。

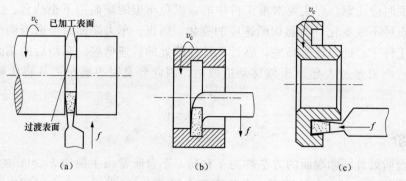

图 3-42　切槽的形状

(a) 切外槽；(b) 切内槽；(c) 切端面槽

轴上的外槽和孔的内槽均属退刀槽。退刀槽的作用是车削螺纹或进行磨削时便于退刀，否则该工件将无法加工。同时，在轴上或孔内装配其他零件时，也便于确定其轴向位置。端面槽的主要作用是减小质量，其中有些槽还可以安装弹簧或垫圈等，其作用要根据零件的结构和使用要求而定。

1. 切槽刀的角度和安装

轴上的槽要用切槽刀进行车削，切槽刀的几何形状和角度值，如图 3-43 (a) 所示。安装时，刀尖要对准工件轴线，主切削刃平行于工件轴线，两侧副偏角一定要对称相等（1°～2°），两侧刃副后角也需对称（0.5°～1°，切不可一侧为负值，以防刮伤槽的端面或折断刀头），切槽刀的安装如图 3-43 (b) 所示。

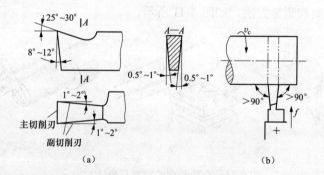

图 3-43　切槽刀及安装

(a) 切槽刀；(b) 安装

2. 切槽的方法

切削宽度在 5mm 以下的窄槽时，可采用主切削刃的宽度等于槽宽的切槽刀，在一次横向进给中切出。

切削宽度在 5mm 以上的宽槽时，一般采用先分段横向粗车，如图 3-44 (a) 所示，在最后一次横向切削后，再进行纵向精车的加工方法，如图 3-44 (b) 所示。

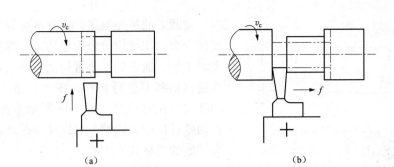

图 3-44 切宽槽

(a) 横向粗车；(b) 精车

3. 切槽的尺寸测量

槽的宽度和深度测量采用卡钳和钢直尺配合测量，也可用游标卡尺和千分尺测量。图 3-45 所示为测量外槽时的情形。

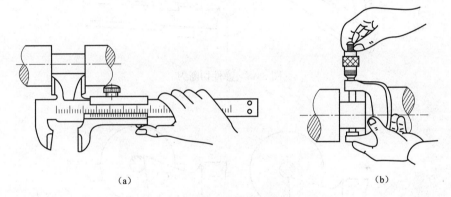

图 3-45 测量外槽

(a) 用游标卡尺测量槽宽；(b) 用千分尺测量槽的底径

二、切断

把坯料或工件分成两段或若干段的车削方法称为切断，它主要用于圆棒料按尺寸要求下料或把加工完的工件从坯料上切下来，如图 3-46 所示。

1. 切断刀

切断刀与切槽刀形状相似，其不同点是刀头窄而长、容易折断，因此，用切断刀也可以切槽，但不能用切槽刀来切断。

切断时，刀头伸进工件内部，散热条件差，排屑困难，易引起振动，刀头容易折断，因此，必须合理地选择切断刀。

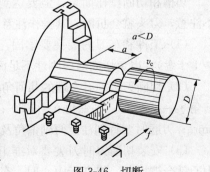

图 3-46 切断

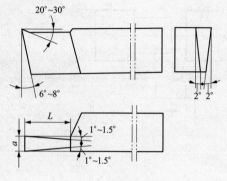

图 3-47 高速钢切断刀

切断刀的种类很多，按材料可分为高速钢和硬质合金，按结构可分为整体式、焊接式、机械夹固式等。通常为了改善切削条件，常用整体式高速钢切断刀进行切断，图 3-47 所示为高速钢切断刀的几何角度。图 3-48 所示为弹性切断刀，在切断过程中，这种刀可以减少振动和冲击，提高切断的质量和生产率。

2. 切断方法

常用的切断方法有直进法和左右借刀法两种，如图 3-49 所示。直进法常用于切削铸铁等脆性材料，左右借刀法常用来切削钢等塑性材料。

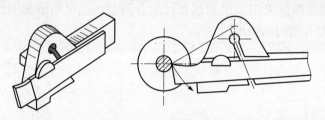

图 3-48　弹性切断刀

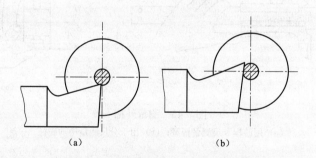

（a）　　　　　　　　　　　　（b）

图 3-49　切断刀刀尖与工件中心等高
（a）切断刀安装过低；（b）切断刀安装过高

切槽和切断操作简单，但要达到相应的技术要求很不容易，特别是切断，操作时稍不注意，刀头就会折断，其操作注意事项如下：

（1）工件和车刀的装夹要牢固，刀架要锁紧。切断时，切断刀距卡盘应近些（不能碰上卡盘），以免切断时因刚性不足而产生振动。

（2）切断刀必须有合理的几何角度和形状。一般切钢时前角 $\gamma = 20° \sim 25°$，切铸铁时前角 $\gamma_0 = 5° \sim 10°$；副偏角 $k_r' = 1°30'$；后角 $\alpha_0 = 8° \sim 12°$，副后角 $a_0' = 2°$；刀头宽度为 $3 \sim 4mm$；刃磨时要特别注意两副偏角及两副后角各自对应相等。

（3）安装切断刀时刀尖要对准工件中心。安装位置如低于中心时，车刀还没有切至中心就会被折断，如高于中心时，车刀在接近中心时会被凸台顶住不易切断工件，如图 3-49 所示。同时车刀伸出刀架不宜太长，车刀对称线要与工件轴线垂直，以保证两侧副偏角相等。另外，底面要垫平，以保证两侧都有一定的副后角。

（4）合理地选择切削用量。切削速度不宜过高或过低，一般 v_c＝40～60m/min（外圆处）。手动进给切断时，进给要均匀，机动进给切断时，进给量 f＝0.05～0.15mm/r。

（5）切钢时需加切削液进行冷却润滑，切铸铁时不加切削液但必要时应使用煤油进行冷却润滑。

第五节　钻孔和车内圆

一、钻孔

用钻头在工件上加工孔的方法称为钻孔，钻孔通常在钻床或车床上进行。

1. 车床钻孔与钻床钻孔的区别

（1）切削运动不同。钻床上钻孔，工件不动，钻头旋转并移动，其钻头的旋转运动为主运动，钻头的移动为进给运动。车床上的钻孔时，工件旋转，钻头不转动只移动，其工件旋转为主运动，钻头移动为进给运动。

（2）加工工件的位置精度不同。钻床上钻孔需要按划线位置进行，孔易钻偏，不易保证孔的位置精度。车床上钻孔，不需划线，易保证孔与外圆的同轴度及孔与端面的垂直度。

2. 车床的钻孔方法

在车床上钻孔的方法如图 3-50 所示，其操作步骤如下。

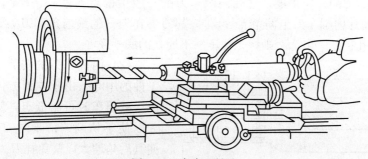

图 3-50　车床上钻孔

（1）车端面，钻中心孔。便于钻头定心，可防止孔钻偏。

（2）装夹钻头。锥柄钻头直接装在尾座套筒的锥孔内，直柄钻头要装在钻夹头内，然后把钻夹头装在尾座套筒的锥孔内，应注意擦净后再装入。

（3）调整尾座位置。松开尾座与床身的紧固螺栓螺母，移动尾座至钻头能进给到所需长度时，固定尾座。

（4）开车钻削。尾座套筒手柄松开后（但不宜过松），起动车床，均匀地摇动尾座套筒手轮进行钻削。刚接触工件时进给要慢，切削中要经常退回进行排屑，钻透时进给也要慢，退出钻头后再停车。

（5）钻不通孔时要控制孔深。可先在钻头上用粉笔划好孔深线再钻削控制孔深，还可用钢直尺、深度尺测量孔深的方法控制孔深。

钻孔的精度较低，尺寸公差等级 IT10 级以下，表面粗糙度 Ra 值为 $6.3\mu m$。钻孔往往是车孔和镗孔、扩孔和铰孔的预备工序。

二、车内圆

对工件上的孔进行车削的方法称为车内圆，也叫车孔。

1. 车内圆的方法

车内圆的方法如图 3-51 所示，其中图 3-51（a）所示为用通孔内圆车刀车通孔，图 3-51（b）所示为用不通孔内圆车刀车不通孔。

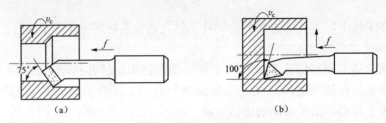

图 3-51　车内圆
(a) 车通孔；(b) 车不通孔

车内圆与车外圆的方法基本相同，都是通过工件转动及车刀移动的方法从毛坯上切去一层多余金属。在切削过程中也要分粗车和精车，以保证孔的加工质量。

在车削时要注意以下几点。

（1）内圆车刀的几何角度。通孔内圆车刀的一般主偏角 $k_r = 45° \sim 75°$；副偏角 $k_r' = 20° \sim 45°$。不通孔内圆车刀主偏角 $k_r \geqslant 90°$，其刀尖在刀杆的最前角，刀尖到刀杆背面的距离只能小于孔径的一半，否则将无法车平不通孔的底平面。

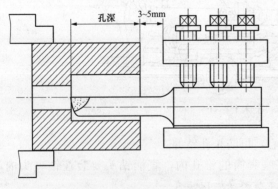

图 3-52　内圆车刀的安装

（2）内圆车刀的安装。刀尖应对准工件的中心，由于吃刀方向与车外圆相反，故粗车时可略低点，使工件前角增大以便于切削；精车时刀尖略高一点，使其后角增大以避免扎刀。

车刀伸出方刀架的长度尽量缩小，以免产生振动，但总长度不得小于工件孔深加上 $3 \sim 5mm$，如图 3-52 所示。刀具轴线应与主轴平行，刀头可略向操作者方向偏斜。开车前先用车刀在孔内手动试走一遍，确认没有任何阻碍车刀后，再开车切削。

（3）切削用量的选择。车内圆时，因刀杆细、刀头散热条件差且排屑困难，易产生振动和让刀，故所选择的切削用量要比车外圆时小些，其调整方法与车外圆相同。

（4）试切法。车内圆与车外圆的试切方法基本相同，其试切过程是：开车对刀→纵向退刀→横向退刀→纵向切削 3～5mm→纵向退刀→停车测量。如果试切已达到尺寸公差要求，可纵向切削；如未达到尺寸公差要求，可重新横向吃刀来调整背吃刀量，再试切直至达到尺寸公差要求为止。与车外圆相比，车内圆横向吃刀时，其逆时针转动手柄为横向吃刀，顺时针转动手柄为横向退刀，即与车外圆时相反。

（5）控制内圆孔深。如图 3-53 所示，可用粉笔在刀杆上画出孔深长度记号控制孔深也可用铜片控制孔深。

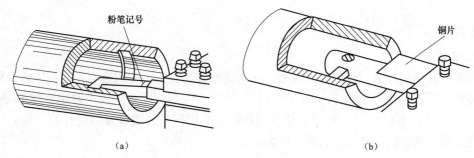

（a） （b）

图 3-53 控制车内圆孔深度的方法

（a）用粉笔画长度记号；（b）用铜片控制孔深

车内圆时的工件条件比车外圆差，所以车内圆孔的精度较低，一般尺寸公差等级为IT8～IT7 级，表面粗糙度 Ra 值为 3.2～1.6μm。

2. 内孔的测量方法

内卡钳和钢直尺都可测量内圆直径，但一般用游标卡尺测量内圆直径和孔深。对于精度要求高的内圆直径可用内径千分尺或内径百分表测量，图 3-54 所示的是用内径百分表测量孔径的实例。对于大批量生产的工件，其内圆直径可用塞规测量。

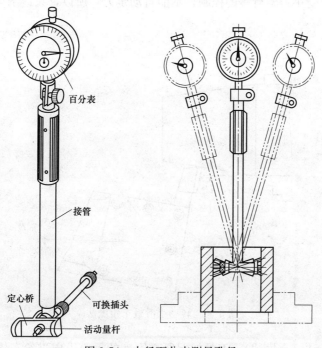

图 3-54 内径百分表测量孔径

109

第六节 车圆锥和车螺纹

将工件车削成圆锥表面的方法称为车圆锥。

一、车圆锥

1. 圆锥的种类

圆锥按其用途分为一般用途圆锥和特殊用途圆锥两类。一般用途圆锥的圆锥角 α 较大时，圆锥角可直接用角度表示，如 30°、45°、60°、90°等；圆锥角较小时用锥度 C 表示，如 1∶5、1∶10、1∶20、1∶50 等。特殊用途圆锥是根据某种要求专门制订的，如 7∶24、莫氏锥度等。圆锥按形状又分为内、外圆锥。

2. 车圆锥的方法

对于长度、角度要求不同的圆锥零件，需采用不同的方法进行车削。用车床加工圆锥有下列四种方法：转动小滑板角度法、锥尺加工法（也叫靠模法）、尾座偏移法、样板刀法（也叫宽刃刀法）。以上方法是使刀具的运动轨迹与零件的轴心线成圆锥半角 $\alpha/2$ 加工出所需圆锥。

（1）转动小滑板角度法。如图 3-55 所示，将小滑板的转盘在水平端面上旋转 $\alpha/2$ 角，使小滑板在转盘导轨上查对于主轴中心线（或工件中心线）斜向手动进给来车锥度。这种方法操作简单，能保证一定的加工精度，而且还能车内锥面和锥角较小的锥面，因此应该广泛。但由于受小刀架行程的控制，不能自动走刀，所以，只适于加工 $\alpha/2$ 大，L 短的成批圆锥工件。

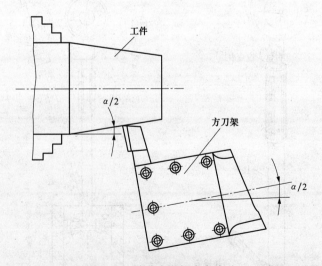

图 3-55 转动小滑板车角度法

（2）锥尺加工法（靠模法）。刀具按照所需锥度的靠模纵向进给车锥度。这种方法操作简单，生产效率高，能保证加工精度要求，但靠模制造成本高。因此，适用于锥度小而锥体长的成批生产。常见的靠模装置，如图 3-56 所示，底座 8 固定在床身上，底座上装有锥度靠模 7，可绕销轴 6 转动。靠模转过与圆锥半角 $\alpha/2$ 相等角度后用螺钉 3 固定于底座上。小滑板 5 可在锥度靠模的槽中移动，中滑板 1 与丝杆的连接脱开，并通过连接板 2、压板螺钉 4 与滑块连接在一起。加工时，大拖板作纵向自动进给，中滑板由大拖板带动同时受靠模 7 约束，获得纵向与横向的合成运动，使车刀的刀尖轨迹平行于靠模板上的槽，从而车出所需要的圆锥。通过将小滑板转动到 90° 后，由小滑板作横向进刀以控制车削尺寸。

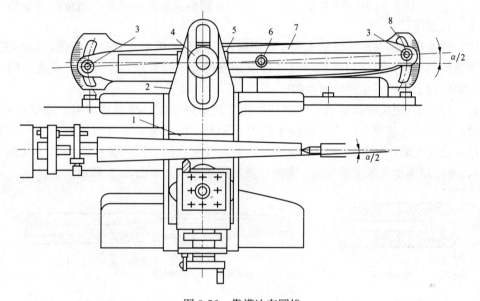

图 3-56　靠模法车圆锥

1—中滑板；2—连接板；3、4—压板螺钉；5—小滑板；6—销轴；7—靠模；8—底垫

（3）尾座偏移法。如图 3-57 所示，工件装夹于两顶尖之间，将尾座的横向移动 S，使工件回转轴线与车床主轴线成一个斜角，其大小等于圆锥半角 $\alpha/2$。由于装夹条件的限制，锥度偏移的角度不宜过大，适合加工锥度较小而锥体较长的工件，可纵向机动进给，但不能车削内孔。其加工范围为 α 小，L 长的圆锥面零件。

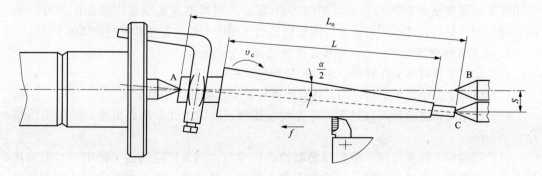

图 3-57　尾座偏移法车圆锥

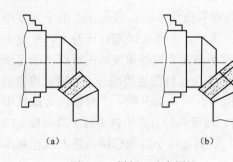

(a)   (b)

图 3-58 样板刀法车圆锥

(a) 直接进刀；(b) 多次接刀

（4）样板刀法。利用宽刃车刀直接车削锥度，这种方法属成形车削，只适用于加工短锥体，如倒角等，如图 3-58（a）所示。若采用该方法，要求车床刚性较好，否则易引起振动。如工件圆锥面长度大于车刀切削刃时，要采用多次接刀加工，但接刀处必须平整，如图 3-58（b）所示。

3. 圆锥面工件的测量

圆锥面的测量主要是测量圆锥半角（或圆锥角）和锥面尺寸。

（1）圆锥角度的测量。调整车床并试切后，需测量锥面的角度是否正确，如不正确，需要重新调整车床，再试切直到测量的锥面角度符合图样要求，才可进行正式车削。测量时，常用以下两种方法测量锥面角度。

1）用圆锥环规或圆锥塞规。圆锥环规用于测量外锥面，圆锥塞规用于测量内锥面。测量时，先在环规或塞规的内外锥面上涂上显示剂，如果显示剂分布均匀，说明圆锥接触良好，锥角正确；如果环规的小端擦着，大端没有接触，说明圆锥角小了（塞规与此相反），要重新调整车床重新车削。圆锥环规与圆锥塞规，如图 3-59 所示。

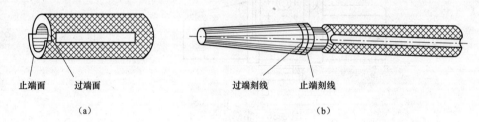

止端面 过端面   过端刻线 止端刻线

（a）   （b）

图 3-59 圆锥环规与圆锥塞规

(a) 圆锥环规；(b) 圆锥塞规

2）用万能角度尺。用万能角度尺测量工件角度的方法，如图 3-60 所示，这种方法测量范围大，测量精度为 $5' \sim 2'$。

（2）锥面尺寸的测量。锥面达到图样要求后，再进行锥面长度及其大小端的车削。常用圆锥环规测量外锥面的尺寸，如图 3-61 所示；用圆锥塞规测量内锥面的尺寸，如图 3-62所示。另外，还可用游标卡尺测量锥面的大端或小端的直径来控制锥体的长度。

4. 车削圆锥时容易产生的问题和注意事项

（1）车刀必须对准工件旋转中心，避免产生双曲线误差。

（2）应两手握小滑板手柄，均匀移动小滑板，工件表面应一刀车出。

（3）粗车时，进给量不宜过大，应先找正锥度，以防工件车小而报废。一般留精车余量 0.5mm。

（4）用游标万能角度尺、游标量角器检查锥度时，测量尺应通过工件中心。用套规检查时，工件表面粗糙度值要小，涂色要薄而均匀，转动量一般在半圈之内，多则易造成误判。

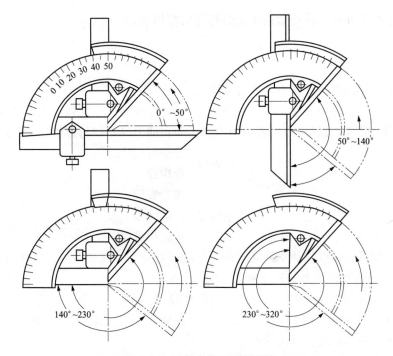

图 3-60 万能角度尺测量锥度

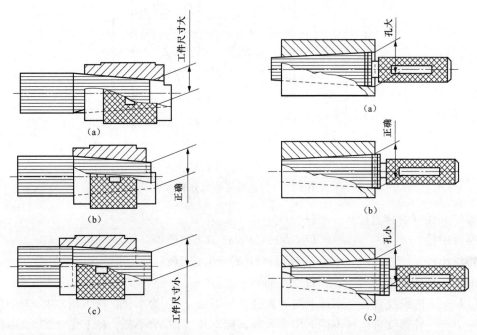

图 3-61 圆锥环规测量外锥面尺寸　　　图 3-62 圆锥塞规测量内锥面的尺寸

（5）在转动小滑板角度时，应稍大于圆锥半角（$\alpha/2$），然后逐渐找正。当小滑板角度调整到相差不多时，只需把紧固螺母稍松一些，用左手拇指紧贴在小滑板转盘与中滑板底盘上，用铜棒轻轻敲小滑板，需凭手指的感觉决定微调量，这样可较快地找正锥度。

（6）小滑板不宜过松，以防止工件表面车削痕迹粗细不一。

（7）防止扳手在扳小滑板紧固螺母时打滑而撞伤手。

二、车螺纹

将工件表面车削成螺纹的方法称为车螺纹。

螺纹的种类很多，应该很广。常用螺纹按用途可分为连接螺纹和传动螺纹两类，前者起连接作用（螺栓与螺母），后者用于传递运动和动力（丝杠与螺母），其分类如下：

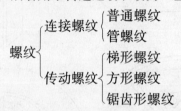

各种螺纹按其使用性能的不同又可分为左旋或右旋、单线或多线、内螺纹或外螺纹。

1. 普通螺纹的各部分名称及公称尺寸

普通螺纹牙型都为三角形，故又称三角形螺纹。

图 3-63 所示为标注了三角形螺纹各部分的名称及代号。螺距用 P 表示，牙型角用 α 表示，其他各部分名称及公称尺寸如下：

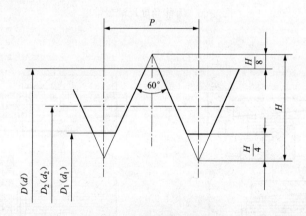

图 3-63　普通螺纹各部分名称

螺纹大径（公称直径）　　　D（d）

螺纹中径　　　　　　　　$D_2(d_2)=D(d)-0.649P$

螺纹小径　　　　　　　　$D_1(d_1)=D(d)-1.082P$

原始三角形高度　　　　　$H=0.866P$

式中　D——内螺纹直径（不标下角为大径，标下角"1"为小径，标下角"2"为中径）；

　　　d——外螺纹直径（不标下角为大径，标下角"1"为小径，标下角"2"为中径）。

决定螺纹类型的基本要素有三个。

（1）牙型角 α。它是螺纹轴向剖面内螺纹两侧面的夹角，普通螺纹 $\alpha=60°$，管螺纹 $\alpha=55°$。

（2）螺距 P。它是沿轴线方向上相邻两牙间对应点的距离，普通螺纹的螺距计量单位用 mm 表示，管螺纹用每英寸（25.4mm）上的牙数 n 表示，螺距 P 与 n 的关系为

$$P = \frac{25.4}{n}(\text{mm})$$

（3）螺纹中径 $D_2(d_2)$。它是平分螺纹理论高度 H 的一个假想圆柱体的直径。在中径处螺纹的牙厚和槽宽相等。只有内外螺纹的中径一致时，两者才能很好地配合。

螺纹必须满足上述基本要素的要求。

2. 螺纹车刀及其安装

（1）三角形螺纹车刀的几何角度。

1）普通三角形螺纹牙型角为 $60°$，英制螺纹牙型角为 $55°$。

2）前角一般为 $0°\sim5°$，因为螺纹车刀的径向前角对牙型角有很大影响，所以精车时或精度要求高的螺纹，刀尖角应等于牙型角，当螺纹车刀径向前角大于 $0°$ 时，刀尖角必须修正。

3）车刀两侧的工件后角一般为 $3°\sim5°$。因受螺纹升角的影响，进刀方向一侧的刃磨后角应等于工作后角加上螺纹升角，另一侧的刃磨后角应等于工作后角减去螺纹升角。三角形螺纹升角一般比较小，影响也较小。

（2）装夹车刀时，刀尖位置应对准工件中心。

（3）车刀刀尖的对称中心线必须与工件轴线严格保持垂直，装刀时可用样板来对刀，如图 3-64（a）所示。如果把车刀装歪，就会使牙型歪斜，如图 3-64（b）所示。

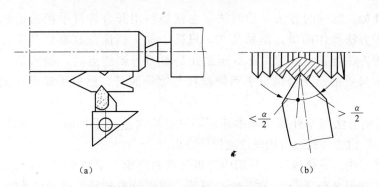

图 3-64　外螺纹车刀的安装
（a）用样板校正；（b）车刀装歪斜

（4）刀尖伸出不要过长，一般为 $20\sim25\text{mm}$（约为刀柄厚度的 1.5 倍）。

3. 车螺纹时车床的调整

（1）车削常用螺距时，可根据所车螺距或导程在进给箱的铭牌上找到相应的手柄位置参数，并把手柄拨到所需要位置。

（2）某些老式机床加工一些螺纹时，需重新调整交换齿轮箱中交换齿轮时，可按照交换齿轮铭牌表进行调整。

（3）调整中、小滑板镶条的松紧时，如调整太紧，摇动滑板费力，操作不灵活；如太松，车螺纹时容易产生扎刀现象。

（4）检查开合螺母与丝杠是否啮合到位，以防车削时产生乱牙。

（5）小滑板调整至导轨外侧平齐，以防车螺纹时小滑板与卡盘相撞。

4.车螺纹的方法与步骤

以车削外螺纹为例来说明车螺纹的方法与步骤，如图 3-65 所示。这种方法称为正反车法，适用于加工各种螺纹。

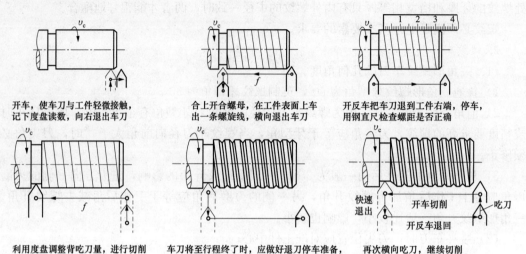

开车，使车刀与工件轻微接触，记下度盘读数，向右退出车刀

合上合螺母，在工件表面上车出一条螺旋线，横向退出车刀

开反车把车刀退到工件右端，停车，用钢直尺检查螺距是否正确

利用度盘调整背吃刀量，进行切削

车刀将至行程终了时，应做好退刀停车准备，先快速退出车刀，然后开反车退回刀架

再次横向吃刀，继续切削

图 3-65　螺纹的车削方法与步骤

还有一种加工螺纹的方法是抬闸法，也就是利用开合螺母手柄的抬起或压下来车削螺纹。这种方法操作简单，但易乱扣，只适于加工机床丝杠螺距是工件螺距整数倍的螺纹。这种方法与正反法的主要不同之处是车刀行至终点时，横向退刀后不用开反车纵向退刀，只要抬起开合螺母手柄使丝杠与螺母脱开，然后手动纵向退回，即可再吃刀车削。

车内螺纹的方法与车外螺纹基本相同，只是横向进给手柄的进退刀转向不同而已。对于直径较小的内、外螺纹可用丝锥或板牙攻出。

（1）直进刀法。车螺纹时，只用中滑板作横向进给，螺纹车刀刀尖及左右两侧都参加切削工作，如图 3-66 所示。在几次行程后，把螺纹车到所需的尺寸和表面粗糙度，这种方法叫直进刀法，如图 3-67 所示，适用于螺距小于 2mm 的钢件和脆性材料的螺纹车削。

（2）左右切削法。车螺纹时除中滑板横向进给外，同时用小滑板将车刀向左或向右作纵向微量移动进行单面车削，如图 3-68 所示。经过几次行程后把螺纹车到图样要求的方法叫左右切削法，如图 3-69 所示。采用左右切削法车削螺纹时，牙型两侧的切削余量

图 3-66　双面切削　　　　　图 3-67　直进法　　　　　图 3-68　单面切削

要合理分配，车外螺纹时，大部分余量在顺向进给方向一侧切去；车内螺纹时，为了改善刀柄受力变形，大部分余量应在尾座一侧切法。在精车时，车刀左右进给量一定要很小，否则容易造成牙底过宽或不平。

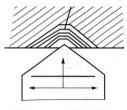

图 3-69 左右切削法

（3）斜进刀法车削。车螺纹时，除中滑板作横向进给外，小滑板只向一个方向作微量进给的方法叫斜进刀法，如图 3-70 所示。此法只用于粗车螺纹，在精车时则应用左右切削法，才能使螺纹的两侧面都获得较小值的表面粗糙度。

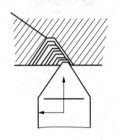

图 3-70 斜进刀法

（4）高速车削三角形螺纹的方法。高速车削三角形螺纹是使用硬质合金螺纹车刀，采用较高的切削速度（一般取 50～70m/min）切削螺纹。高速车削时只能用直进法进给，使切屑垂直轴线方向排出。高速车削三角形螺纹的螺距一般为 1.5～3mm，车螺纹时只需进给 3～5 次就可以完成。

5. 防止乱牙的方法

车螺纹时都要经过几次进给才能完成。在第二次按下开合螺母进给时，刀尖偏离前一次进给车出的螺旋槽叫乱牙。

（1）常用预防乱牙的方法是开倒顺车，即在第一次行程时，不提起开合螺母，把刀沿径向退出后，将主轴反转，使车刀沿纵向退回到第一刀开始处，然后中滑板进给，开顺车走第二刀。这样来回，一直到把螺纹车好为止。

（2）在车削过程中，如需磨刀或换刀必须重新把刀对好以防产生乱牙。

中途对刀的方法：装正车刀角度及刀尖对正工件中心。车刀不切入工件而按下开合螺母，开车使车刀移动到工件表面处，停车（卡盘不准有反转现象）。摇动中、小滑板使车刀尖与螺旋槽部分基本吻合，然后再开机观察刀尖是否在螺旋槽内，直至对准后再开始车削。

6. 螺纹的测量

（1）单项测量。

1）螺距的测量。螺距常用钢直尺、游标卡尺和螺距规进行测量。

2）大小径的测量。外螺纹的大径和内螺纹的小径公差都比较大，一般用游标卡尺和千分尺测量。

3）中径的测量。用螺纹千分尺测量。螺纹千分尺的刻线原理和读数与千分尺相同，测量时把与螺纹牙型角相同的上下两个测量头正好卡在螺纹的牙侧上，进行测量所得到的数就是螺纹中径的实际尺寸，如图 3-71 所示。

（2）综合测量。综合测量是用螺纹量规对螺纹各主要参数进行综合性测量。螺纹量规，包括螺纹塞规和螺纹环规，如图 3-72 所示。它们都分通规和止规。用螺纹环规对三角形外螺纹进行检查时，如果通规旋入而止规不能旋入，则说明螺纹精度合格。在测量时如发现通规已旋入，应对螺纹的直径、牙型、螺距和表面粗糙度进行检查，不可强拧量规旋入。有退止槽的螺纹，检查时环规应通过退刀槽和台阶端面靠平。

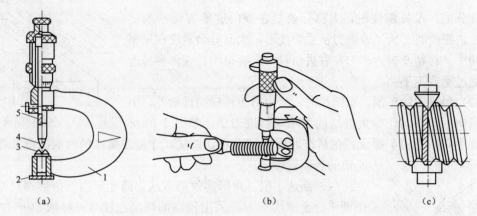

图 3-71　三角形螺纹中径的测量

(a) 螺纹千分尺；(b) 测量方法；(c) 测量原理

1—尺架；2—砧座；3—下测量头；4—上测量头；5—测微螺杆

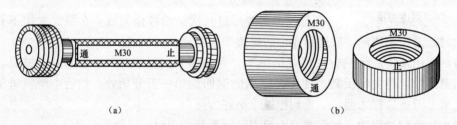

图 3-72　螺纹量规

(a) 螺纹塞规；(b) 螺纹环规

7. 车螺纹容易产生的问题和注意事项

（1）使用提按开合螺母车削螺纹时，开合螺母按下时应与丝杠吻合到位，如感到未吻合好应立即提起开合螺母，重新进行。

（2）车铸铁时，径向进刀不要太大，否则会使螺纹牙尖车裂。在车最后几刀时，采取微量进刀以车光螺纹侧面。

（3）车无退刀槽的螺纹时，螺纹收尾应在 1/2 圈左右，要达到此要求应先退刀后提开合螺母，且每次退刀位置应大致相同，否则会撞掉刀尖。

（4）车刀安装应对准工件旋转中心，并用样板把刀对正。中途换刀或磨刀应对刀以防乱牙。

（5）车螺纹进刀时，必须注意中滑板手柄刻度盘不要多摇一圈，否则会发生危险或损坏刀具、工件。

（6）用倒、顺车车前螺纹时，换向不能太快，否则机床会受瞬时冲击，容易损坏机件。在卡盘与主轴连接处必须安装保险装置，以防卡盘反转时从主轴上脱落。

（7）当工件旋转时，不准用手摸或用棉纱去擦螺纹以防伤手。

（8）检查或调整交换齿轮时，必须切断电源，停车后进行调整，调整后要装好防护罩。

第七节 车成形面与滚花

一、车成形面

用成形加工方法进行的车削称为车成形面。

1. 成形面的用途与车削方法

有些零件如手柄、手轮、圆球等，为了使用方便且美观，耐用等原因，它们的表面不是平直的，而要制成曲面；有些零件如材料力学试验用的拉伸试验棒、轴类零件的连接圆弧等，为了使用上的某种特殊要求需把表面制成曲面。上述的这种具有曲面形状的表面被称为成形面（或特形面）。

2. 车成形面的方法

（1）用成形刀车成形面。成形刀指刀具切削部分的形状刃磨得和工件加工部分的形状相似，这样的刀具称为成形刀又称样板刀。样板刀可按加工要求制成各种式样，如图 3-73 所示。成形面的精度，主要靠刀具保证，所以对车削精度不高的成形面，车刀切削刃可用手工刃磨；车削精度要求较高的成形面，车刀切削刃应在工具磨床上刃磨。

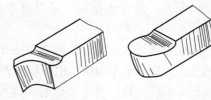

图 3-73 车圆弧的样板刀

（2）用仿形法车成形面。利用仿形装置控制车刀的进给运动来车削成形面的方法称为仿形法。其加工质量好，适用于大批量生产，在车床上用仿形法车成形面的方法很多。图 3-74（a）所示是用靠板仿形车手柄，其车削原理基本上和仿形法车圆锥体的方法相似，只需事先制作一个与工件形状相同的曲面，仿形即可。图 3-74（b）是用尾座上靠模仿形车手柄，它是在刀台上装一特制刀架，在特制刀架上面同时安装有车刀和靠模杆。车削时操纵横向进给使靠模杆在靠模表面移动，车刀即在工件上车出形状相同的成形面。

(a)　　　　　　　　　　(b)

图 3-74 用仿形法车削成形面
(a) 用靠模板仿形车手柄；(b) 用尾座靠模仿形车手柄

（3）双手控制法车成形面。

1）基本原理。在单件加工时，通常采用双手控制法车成形面，即用双手同时摇动小滑板手柄或中滑板手柄，并通过双手协调的动作，使刀尖的运动轨迹与零件表面素线（曲线）重合，以达到车成形面的目的。当然也可采用摇动床鞍手柄和中滑板手柄的协调动作来进行加工。双手控制法车成形面的特点是灵活方便，不需要其他辅助工具，但需要较高的技术水平。

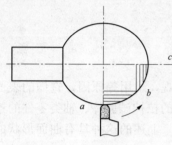

图 3-75　车刀移动轨迹分析

2）车刀移动轨迹分析。车削成形面时车刀刀尖在各位置上的横向、纵向进给的速度是不相同的，如图 3-75 所示。车球面时，当车刀从 a 点出发，经过 b 点至 c 点，纵向进给的速度是快、中、慢，横向进给的速度是慢、中、快，即纵向进给是减速点，横向进给是加速度。

3. 车成形面所用的车刀

用普通车刀车成形面时，粗车刀的几何角度与普通车刀完全相同。精车刀是圆弧车刀，主切削刃是圆弧刃，半径应小于成形面的圆弧半径，所以圆弧刃上各点的偏角是变化的，其后面也是圆弧面，主切削刃上各点后角不宜磨成相等的角度，一般 $\alpha=6°\sim12°$。由于切削刃是弧刃，切削时接触面积大，易产生振动，所以要磨出一定的前角，一般 $\gamma_0=10°\sim15°$，以改善切削条件。

用成形车刀成形面时，粗车也采用普通车刀车削，形状接近成形面后，再用成形车刀精车。刃磨成形车刀时，用样板校正其刃形。当刀具前角 $\gamma_0=0°$ 时，样板的形状与工件轴向剖面形状一致；当 $\gamma_0>0°$ 时，样板的形状不是工件轴向剖面形状，如图 3-76 所示，而是随着前角的变化其样板的形状也变化。因此，在单件小批量生产中，为了便于刀具的刃磨和样板的制造，防止产生加工误差，常选用 $\gamma_0=0°$ 的成形刀进行车削；在大批大量生产中，为了提高生产率和防止产生加工误差，需用专门设计 $\gamma_0>0°$ 的成形车刀进行车削。

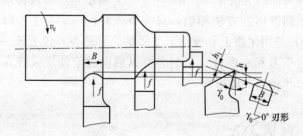

图 3-76　成形车刀车成形面

4. 成形面的检测

在车削成形面的过程中，要边加工边检测。为了保证球面外形和尺寸正确，可根据不同的精度要求选用样板、游标卡尺或千分尺等进行检测。

（1）用样板检查时，应对准工件中心，并用透光法观察样板与工件成形面之间的间隙，通过间隙大小修整成形面，如图 3-77（a）所示。

（2）用游标卡尺和千分尺检查球面时，应通过工件中心，并多次变换测量方向，并对球面加以修正以达到球面尺寸要求，如图 3-77（b）所示。

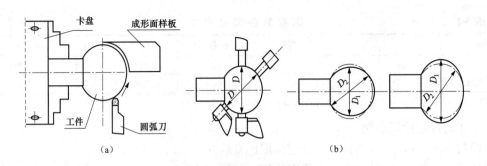

图 3-77　检测成形面的方法

（a）用样板检验成形面；（b）用千分尺检验球面角度

5. 成形面的修整

由于手动进给车削，工件表面往往留下高低不平的痕迹，因此必须用锉刀、砂布进行表面修整、抛光。

二、滚花

用滚花刀将工件表面滚压出直线或网纹的方法称为滚花。

1. 滚花表面的用途

各种工具和机械零件的手握部分，为了便于握持防止打滑以及美观，常常在表面上滚压出各种不同的花纹，如千分尺的套筒、铰杠及螺纹量规等。这些花纹一般都是车床上用滚花刀滚压而成的，如图 3-78 所示。

2. 花纹的种类

滚花的花纹一般有直花纹和网花纹两种。

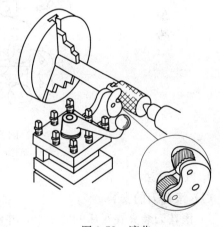

图 3-78　滚花

花纹有粗细之分，并用模数 m 表示。其形状和各部位尺寸如图 3-79 和表 3-2 所示。

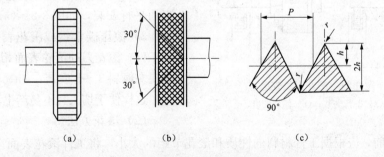

图 3-79　滚花的种类

（a）直纹滚花；（b）网纹滚花；（c）尺寸

表 3-2　　　　　　　　　　　　**滚花的各部分尺寸**

模数 m	h	r	节距 P	模数 m	h	r	节距 P
0.2	0.132	0.06	0.628	0.4	0.264	0.12	1.257
0.3	0.198	0.09	0.942	0.5	0.326	0.16	1.571

注　表中 $h=0.785-0.414r$。滚花前工件表面粗糙度为 $Ra=12.5\mu m$。

滚花的规定标记示例

模数 $m=0.2$，直纹滚花，其规定标记：直纹 $m=0.2$；

模数 $m=0.3$，网纹滚花，其规定标记：网纹 $m=0.3$。

3. 滚花的种类

滚花刀一般有单轮、双轮和六轮，如图 3-80 所示。其中常用的是网纹式双轮滚花刀。

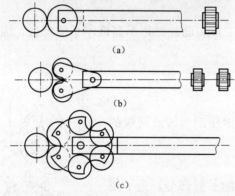

图 3-80　滚花刀

(a) 单轮；(b) 双轮；(c) 六轮

4. 滚花方法

（1）滚花刀的安装。

1）滚花刀装夹在车床的刀架上，并使滚花刀的装刀中心与工件回转中心等高，如图 3-81 所示。

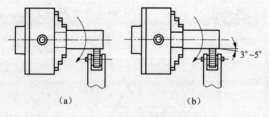

图 3-81　滚花刀的安装

(a) 平行安装；(b) 倾斜安装

2）滚压有色金属或滚压表面要求较高的工件时，滚花刀的滚轮表面与工件表面平行安装，如图 3-81（a）所示。

3）滚压碳素钢或滚花表面要求一般的工件，滚花刀的滚轮表面相对于工件表面向左倾斜 3°～5° 安装，如图 3-81（b）所示。这样便于切入且不易产生乱纹。

（2）滚花方法。

1）滚花前，应根据工件材料的性质和滚花节距的大小，将工件滚花表面车小（0.8～1.6）m（m 为模数）。

2）开始滚压时，必须使用较大的压力进刀，使工件刻出比较深的花纹，否则易产生乱纹。

3）为了减小开始滚压的径向压力，可以使滚轮表面 1/2～1/3 的宽度与工件接触，如

图 3-82 所示，这样滚花刀就容易压入工件表面。在停机检查花纹符合要求后，即可纵向机动进刀，如此反复滚压 1～3 次，直至花纹凸了为止。

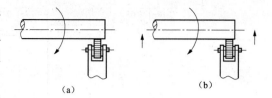

图 3-82　滚花刀的横向进给位置
(a) 正确；(b) 错误

4）滚花时，切削速度应选低一些，一般为 5～10m/min，纵向进给量大一些，一般为 0.3～0.6mm/r。

5）滚压时还需浇注切削液以润滑滚轮，并经常清除滚压产生的切屑。

5.滚花时容易产生的问题和注意事项

(1) 滚花时产生乱纹的原因。

1）滚花开始时，滚花刀与工件接触面太大，使单位面积压力变小，易形成花纹微浅，出现乱纹。

2）滚花刀转动不灵活，或滚刀槽中有细屑阻塞，有碍滚花刀压入工件。

3）转速过高，滚花刀与工件容易产生滑动。

4）滚轮间隙太大，产生径向圆跳动与轴向窜动等。

(2) 滚直花纹时，滚花刀的齿纹必须与工件轴心线平行。否则挤压的花纹不直。

(3) 在滚花过程中，不能用手、毛刷和棉纱去接触工件滚花表面，以防伤人。

(4) 细长工件滚花时，要防止顶弯工件；薄壁工件要防止变形。

(5) 压力过大，进给量过慢，压花表面往往会滚出台阶形凹坑。

 **车削多台阶轴**

一、实习教学要求

掌握车台阶工件的方法。

二、实习所需工具、量具及刃具

75°粗车刀、90°精车刀、45°倒角车刀，铜皮，钢直尺、游标卡尺、千分尺等。

三、工件图样

多台阶轴图样如图 3-83 所示。

四、任务实施

(1) 用三爪自定心卡盘夹住工件外圆长 15mm 左右，并找正夹紧。

(2) 粗车端面（注意总长尺寸）及外圆 φ75mm 长 35mm，φ80mm 长 16mm，留精车余量。

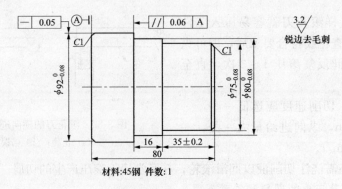

材料:45钢 件数:1

图 3-83　多台阶轴图样

（3）精车端面、外圆 $\phi75_{-0.08}^{0}$ mm 长 35mm±0.2mm，$\phi80_{-0.08}^{0}$ mm 长 16mm 至尺寸要求，并倒角 1×45°。

（4）掉头垫铜片夹住 $\phi75$mm 外圆，找正近卡爪外圆和台阶反端面并夹紧。粗、精车端面，保证平行度，使总长达到尺寸要求。粗、精车外圆 $\phi92_{-0.08}^{0}$ mm 至尺寸。倒角 1×45°。

（5）检查直线度、平行度及尺寸合格后取下工件。

五、评分标准

评分标准见表 3-3。

表 3-3　　　　　　　　　　车削多台阶轴评分标准

序号	项目与技术要求	配分	评分标准	实测记录	得分
1	工件放置或夹持正确	5	不符合要求酌情扣分		
2	车刀装夹正确	5	不符合要求酌情扣分		
3	加工操作正确、自然	15	不符合要求酌情扣分		
4	测量姿势正确，数据准确	15	不符合要求酌情扣分		
5	车台阶步骤达到要求	15	不符合要求酌情扣分		
6	用划盘找正工件外圆和端面步骤达到要求	15	不符合要求酌情扣分		
7	按图样达到要求	30	总体评定（每项 5 分）		
8	安全文明操作		违者每次扣 2 分		

技能实训二　车削单球手柄

一、实习教学要求

（1）了解成形面的加工方法。

（2）懂得成形面的测量和检查方法。

（3）掌握圆球面的加工步骤和方法。

（4）掌握简单的表面修光方法。

二、实习所需工具、量具及刃具

75°粗车刀、90°精车刀、成形车刀，砂布，锉刀，铜皮，钢直尺、游标卡尺、千分尺等。

三、工件图样

单球手柄图样如图3-84所示。

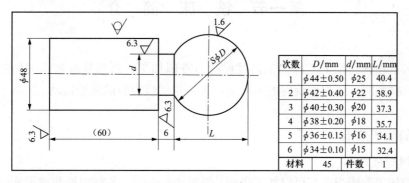

次数	D/mm	d/mm	L/mm
1	$\phi 44 \pm 0.50$	$\phi 25$	40.4
2	$\phi 42 \pm 0.40$	$\phi 22$	38.9
3	$\phi 40 \pm 0.30$	$\phi 20$	37.3
4	$\phi 38 \pm 0.20$	$\phi 18$	35.7
5	$\phi 36 \pm 0.15$	$\phi 16$	34.1
6	$\phi 34 \pm 0.10$	$\phi 15$	32.4
材料	45	件数	1

图3-84 单球手柄

四、任务实施

（1）用双手控制法车削圆球面。

（2）夹住工件外圆，车端面及外圆到$\phi 45$mm 长47mm。

（3）车槽$\phi 25$、长6mm并保持L长大于41.4mm。

（4）用圆头车刀粗、精车球面至尺寸要求。

（5）用锉刀和砂布对球面进行修光。

五、评分标准

车削单球手柄评分标准见表3-4。

表3-4　　　　　　　　　　　　车削单球手柄评分标准

序号	项目与技术要求	配分	评分标准	实测记录	得分
1	工件放置或夹持正确	5	不符合要求酌情扣分		
2	成形车刀选择、装夹正确	5	不符合要求酌情扣分		
3	加工操作正确、表面修光	15	不符合要求酌情扣分		
4	测量姿势正确，数据准确	15	不符合要求酌情扣分		
5	切削用量选择正确	15	不符合要求酌情扣分		
6	圆球面的加工步骤和方法正确	15	不符合要求酌情扣分		
7	按图样达到要求并表面修光	30	总体评定（每项5分）		
8	安全文明操作		违者每次扣2分		

第四章

铣工基础知识和技能训练

第一节 铣 床 简 介

在铣床上用铣刀加工工件的工艺过程称为铣削加工。铣削是金属切削加工中常用的方法之一。铣削时，铣刀作旋转的主运动，工件作缓慢直线的进给运动。

一、铣床的加工范围

1. 铣削的应用

铣床的加工范围很广，可以加工平面、斜面、垂直面、各种沟槽和成形面（如齿轮），如图 4-1 所示。也可以利用万能分度头进行分度件的铣削，还可以对工件上的孔进行钻削或镗削加工，如图 4-2 所示。铣床的加工精度一般为 IT9～IT8；表面粗糙度 Ra 一般为 6.3～1.6μm。

2. 铣削的特点

（1）铣刀是一种多齿刀具，在铣削时，铣刀的每个刀齿不像车刀和钻头那样连续地进行切削，而是间歇地进行切削，刀具的散热和冷却条件好，铣刀的耐用度高，切削速度可以提高。

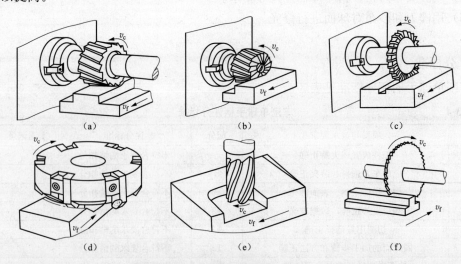

图 4-1　铣削加工举例（一）

（a）圆柱形铣刀铣平面；（b）套式面铣刀铣台阶面；（c）三面刃铣刀铣直角槽；
（d）端铣刀铣平面；（e）立铣刀铣凹平面；（f）锯片铣刀切断

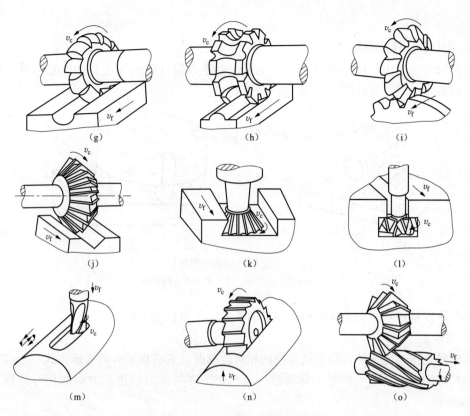

图 4-1　铣削加工举例（二）

（g）凸半圆铣刀铣凹圆弧面；（h）凹半圆铣刀铣凸圆弧面；（i）齿轮铣刀铣齿轮；

（j）角度铣刀铣 V 形槽；（k）燕尾槽铣刀铣燕尾槽；（l）T 形铣刀铣 T 形槽；

（m）键槽铣刀铣键槽；（n）半圆键槽铣刀铣半圆键槽；（o）角度铣刀铣螺旋槽

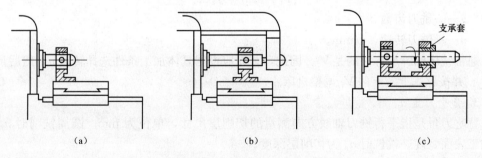

图 4-2　在卧式铣床上镗孔

（a）卧式铣床上镗孔；（b）卧式铣床上镗孔用吊架；（c）卧式铣床上镗孔用支承套

（2）铣削时，经常是多齿进行切削，可采用较大的切削用量，与刨削相比，铣削有较高的生产率，在成批及大量生产中，铣削几乎已全部代替了刨削。

（3）由于铣刀刀齿的不断切入、切出，铣削力不断地变化，故而铣削容易产生振动。

二、铣削用量及其选择原则

铣削时的铣削用量由切削速度、进给量、背吃刀量（铣削深度）和侧吃刀量（铣削宽度）四要素组成。其铣削用量如图 4-3 所示。

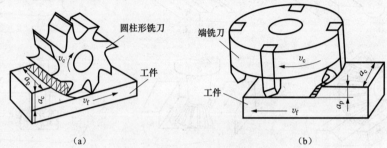

（a）   （b）

图 4-3 铣削运动及铣削用量
（a）在卧铣上铣平面；（b）在立铣上铣平面

1. 切削速度 V_c

铣削速度是指铣刀最大直径处切削刃的线速度，单位为 m/min。

2. 进给量 f

进给量是指工件与铣刀沿进给方向的相对位移时，它有如下 3 种表示方式：

（1）每齿进给量 f_z。即铣刀每转过一齿时，工件与铣刀沿进给方向的相对位移，单位为 mm/齿。

（2）每转进给量 f。即铣刀每转一转，工件与铣刀沿进给方向的相对位移，单位为 mm/r。

（3）每分钟进给量 V_f。即铣削中在每分钟内工件相对于铣刀移动的距离，单位为 mm/min。

上述三者的关系为

$$V_f = fn = f_z z n$$

式中　z——铣刀齿数；

　　　n——铣刀转速，r/min。

通常铣床铭牌上标注的是 V_f，因此，首先应根据具体加工条件选择转速 n，然后计算出 f_z，并按铭牌上实有的 V_f 调整机床。

3. 背吃刀量 a_p

背吃刀量是指平行铣刀轴线方向测量的切削层尺寸，单位为 mm。圆周铣削时 a_p 为已加工表面宽度。端铣时 a_p 为切削层深度。

4. 侧吃刀量 a_c

侧吃刀量是指垂直于铣刀轴线方向测量的切削层尺寸，单位为 mm。圆周铣削时，a_c 为切削层深度；端铣时 a_c 为已加工表面宽度。

三、铣床

1. 铣床的型号

铣床的种类很多，最常用的是卧式升降台铣床和立式升降台铣床，此外还有龙门铣床、工具铣床、键槽铣床等各种专用铣床，以及各种类型的数控铣床。

铣床的型号和其他机床型号一样，按照 GB/T 15375—1994《金属切削机床型号编制方法》的规定表示，例如 X6132：X——分类代号，铣床类机床；61——组系代号，万能升降台铣床；32——主参数，工作台宽度的 1/10，即工作台宽度。

2. 万能卧式铣床

万能卧式升降台铣床简称万能铣床，图 4-4 所示为 X6132 万能卧式铣床，是铣床中应用最为广泛的一种。其主轴是水平设置的，与工作台面平行。

（1）X6132 万能卧式铣床的主要组成部分及作用。

1）床身。床身是用来固定和支承铣床上所有的部件。电动机、主轴以主轴变速机构等安装在它的内部。

2）横梁。横梁上面安装吊架，用来支承刀杆外伸的一端，以加强刀杆的刚性。横梁可沿床身的水平导轨移动，以调整其伸出的长度。

3）主轴。主轴是空心轴，前端有 7∶24 的精密锥孔，其用途是安装铣刀刀杆并带动铣刀旋转。

4）纵向工作台。纵向工作台在转台的导轨上作纵向移动，带动台面上的工件作横向进给。

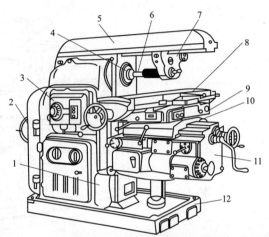

图 4-4 X6132 万能卧式铣床

1—床身；2—电动机；3—变速机构；4—主轴；5—横梁；6—刀杆；7—马杆支架；8—纵向工作台；9—转台；10—横向工作台；11—升降台；12—底座

5）横向工作台。横向工作台位于升降台上面的水平导轨上，带动纵向工作台一起作横向进给。

6）转台。转台的作用是能将纵向工作台在水平面内扳转一定的角度，以便铣削螺旋槽。

7）升降台。升降台可以使整个工作台沿床身的垂直导轨上下移动，以调整工作台面到铣刀的距离，并作垂直进给。

带有转台的卧式铣床，由于其工作台除了能作纵向、横向和垂直方向移动外，尚能在水平面内左右扳转 45°，因此称为万能卧式铣床。

（2）X6132 型万能卧式铣床的传动。其主运动和进给运动的传动路线分述如下。

1）主运动传动。

2）进给运动传动。

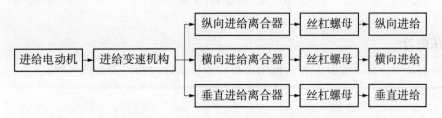

3. 立式升降台铣床

立式升降台铣床如图 4-5 所示，与万能卧式铣床的主要区别是其主轴与工作台台面相垂直。立式升降台铣床的头架还可以在垂直面内旋转一定的角度，以便铣削斜面。立式升降台铣床主要用于使用端铣刀加工平面，另外也可以加工键槽、T 形槽、燕尾槽等。

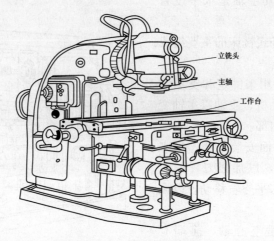

图 4-5　立式升降台铣床

4. 龙门铣床

龙门铣床属大型机床，图 4-6 所示为四轴龙门铣床外形，它一般用来加工卧式铣床和立式铣床不能加工的大型工件。

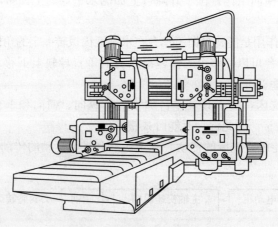

图 4-6　四轴龙门铣床外形

四、铣床附件

铣床主要附件有万能分度头、机用虎钳、圆形工作台和万能立铣头等。

1. 机用虎钳

机用虎钳是一种通用夹具，使用时应先校正其在工作台上的位置，然后再夹紧工件。校正方法能三种：

(1) 用百分表校正，如图 4-7 (a) 所示。

(2) 用 90°角尺校正。

(3) 用划线针校正。

校正的目的是保证固定钳口与工作台面的垂直度、平行度。校正后利用螺栓与工作台 T 形槽连接，将机用虎钳装夹在工作台上。装夹工件时，要按划线找正工件，然后转动机用虎钳丝杠使活动钳口移动并夹紧工件，如图 4-7 (b) 所示。

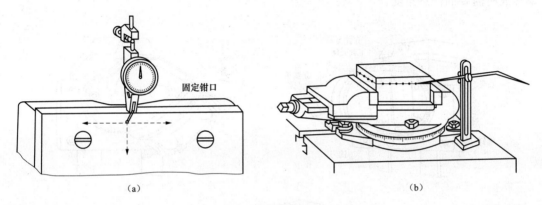

(a)　　　　　　　　　　　　　　　(b)

图 4-7　机用虎钳

(a) 百分表校正机用虎钳；(b) 按划线找正工件

2. 圆形工作台

圆形工作台即回转工作台，如图 4-8 (a) 所示。它的内部有一副蜗轮蜗杆，手轮与蜗杆同轴连接，转台与蜗轮连接。转动手轮，通过蜗轮蜗杆的传动使转台转动。转台周

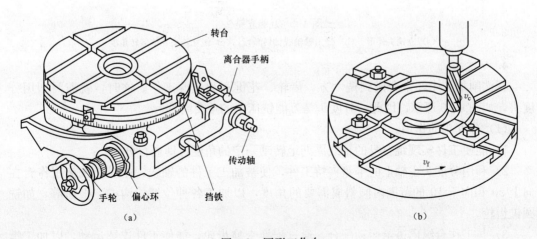

(a)　　　　　　　　　　　　　　　(b)

图 4-8　圆形工作台

(a) 圆形工作台；(b) 铣圆弧槽

围有刻度用来观察和确定转台位置，手轮上的度盘也可读出转台的准确位置。图 4-8（b）所示为在圆形工作台上铣圆弧槽的情况，即利用螺栓压板把工件夹紧在转台上，铣刀旋转后，摇动手轮使转台带动工件进行圆周进给，铣削圆弧槽。

3. 万能立铣头

在立式铣床上装有万能立铣头，根据铣削的需要，可把立铣头主轴扳成任意角度，如图 4-9 所示，其中图 4-9（a）为万能立铣头外形，其底座用螺钉固定在铣床的垂直导轨上。由于铣床主轴的运动是通过立铣头内部的两对锥齿轮传到立铣头主轴上的，且立铣头的壳体可绕铣床主轴轴线偏转任意角度，如图 4-9（b）所示，又因为立铣头主轴的壳体还能在立铣头壳体上偏转任意角度，如图 4-9（c）所示，因此，立铣头主轴能在空间偏转成所需要的任意角度。

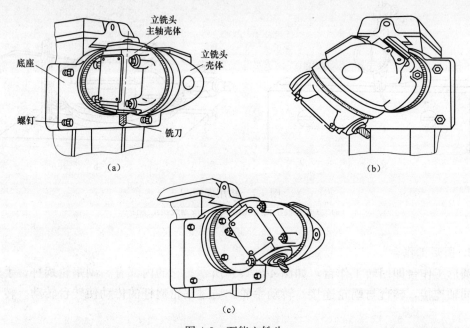

图 4-9　万能立铣头

（a）立铣头外形；（b）绕主轴轴线偏转角度；（c）绕立铣头壳体偏转角度

4. 分度头

在铣削加工中，常会碰到铣六方、齿轮、花键和刻线等工作，这时，就需要利用分度头，如图 4-10 所示。因此，分度头是万能铣床上的重要附件。

（1）分度头的作用。

1）能使工件实现绕自身的轴线周期地转动一定的角度，即进行分度。

2）利用分度头主轴上的卡盘夹持工件，使被加工工件的轴线，相对于铣床工作台在向上 90°和向下 10°的范围内倾斜成需要的角度，以加工各种位置的沟槽、平面等，如铣圆锥齿轮。

3）与工作台纵向进给运动配合，通过配换交换齿轮，能使工件连续运动，以加工螺旋沟槽、斜齿轮等。

万能分度头由于具有广泛的用途，在单件小批量生产中应用较多。

（2）分度头的结构。分度头的主轴是空心的，两端均为锥孔，前锥孔可装顶尖（莫氏4号），后锥孔可装入心轴，以便在差动分度时挂轮，把主轴的运动传给侧轴可带动分度盘旋转。主轴前端外部有螺纹，用来安装三爪自定心卡盘，如图4-10（a）所示。

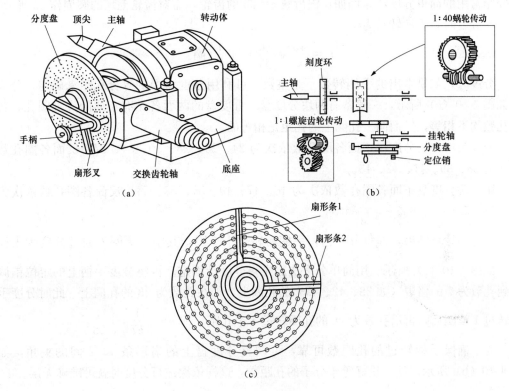

图4-10　万能分度头

（a）外形；（b）万度头内部传动系统；（c）分度盘

松开壳体上部的两个螺钉，主轴可以随回转体在壳体的环形导轨内转动，因此主轴除安装成水平外，还能扳成倾斜位置。当主轴调整到所需的位置后，应拧紧螺钉。主轴倾斜的角度可以从刻度上看出。

在壳体下面，固定有两个定位块，以便与铣床工作台面的 T 形槽相配合，用来保证主轴轴线准确地平行于工作台的纵向进给方向。

手柄用于紧固或松开主轴，分度时松开，分度后紧固。以防在铣削时主轴松动。另一手柄是控制蜗杆的手柄，它可以使蜗杆连接或脱开（即分度头内部的传动切断或结合）在切断传动时，可用手转动分度的主轴。蜗杆与蜗轮之间的间隙可用螺母调整。

（3）分度方法。分度头内部的传动系统，如图4-10（b）所示，可转动分度手柄，通过传动机构（传动比1：1的一对齿轮，1：400的蜗轮蜗杆），使分度头主轴带动工件转动一定角度。手柄转一圈，主轴带动工件转 1/40 圈。

如果要将工件的圆周等分为 z 等分，则每次分度工件应转过 $1/z$ 圈。设每次分度手柄的转数为 n，则手柄转数 n 与工件等分数 z 之间有如下关系

$$1 : 40 = \frac{1}{z} : n$$

$$n = \frac{40}{z}$$

分度头分度的方法有直接分度法、简单分度法、角度分度法和差动分度法等。这里仅介绍常用的简单分度法。例如：铣齿数 $z=35$ 的齿轮，需对齿轮毛坯的圆周作 35 等分，每一次分度时，手柄转数为

$$n = \frac{40}{z} = \frac{40}{35} = 1\frac{1}{7}（圈）$$

分度时，如果求出的手柄转数不是整数，可利用分度盘上的等分孔距来确定。分度盘如图 4-10（c）所示，一般备有两块分度盘。分度盘的两面各钻有不通的许多圈孔，各圈孔数均不相等，然而同一孔圈上的孔距是相等的。

分度头第一块分度盘正面各圈孔数依次为 24、25、28、30、34、37；反面各圈孔数依次为 38、39、41、42、43。

第二块分度盘正面各圈孔数依次为 46、47、49、51、53、54；反面各圈孔数依次为 57、58、59、62、66。

按上例计算结果，即每分一齿，手柄需转过 $1\frac{1}{7}$ 圈，其中 1/7 圈需通过分度盘来控制，如图 4-10（c）所示。用简单分度法需先将分度盘固定。再将分度手柄上的定位销调整到孔数为 7 的倍数（如 28、42、49）的孔圈上，如在孔数为 28 的孔圈上。此时分度手柄转过 1 整圈后，再沿孔数为 28 的孔圈转过 4 个孔距，即 $n = 1\frac{1}{z7} = 1\frac{4}{28}$。

为了确保手柄转过的孔距数可靠，可调整分度盘上的扇形条 1、2 间的夹角，如图 4-10（b）所示，使之正好等于分子的孔距数，这样依次进行分度时就可准确无误。

第二节 铣 刀 基 础 知 识

一、铣刀的种类

铣刀的种类很多，按材料不同，铣刀分为高速钢和硬质合金两大类；按刀齿和刀体是否一体又分为整体式和镶齿式两类；按铣刀的安装方法不同分为带孔铣刀和带柄铣刀两类。另外，按铣刀的用途和形状又可分为如下几类。

1. 圆柱铣刀

由于圆柱铣刀仅在圆柱表面上有切削刃，故用于卧式升降台铣床上加工平面，如图 4-11（a）所示。

2. 端铣刀

由于端铣刀刀齿分布在铣刀的端面和圆柱面上，故多用于立式升降台铣床上加工平面，也可用于卧式升降台铣床上加工平面，如图 4-11（b）所示。

3. 立铣刀

立铣刀是一种带柄铣刀，有直柄和锥柄两种，适用铣削端面、斜面、沟槽和台阶面

等，如图 4-11（c）所示。

4. 键槽铣刀和 T 形槽铣刀

键槽铣刀和 T 形槽铣刀专用加工键槽和 T 形槽，如图 4-11（d）所示。

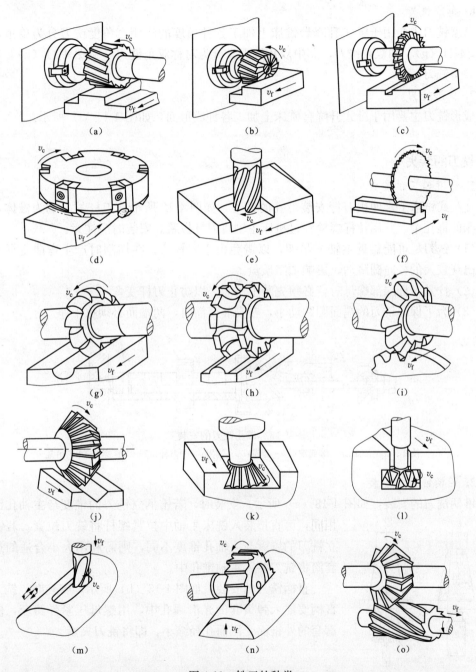

图 4-11　铣刀的种类

（a）圆柱形铣刀铣平面；（b）套式面铣刀铣台阶面；（c）三面刃铣刀铣直角槽；（d）端铣刀铣平面；

（e）立铣刀铣凹平面；（f）锯片铣刀切断；（g）凸半圆铣刀铣凹圆弧面；（h）凹半圆铣刀铣凸圆弧面；

（i）齿轮铣刀铣齿轮；（j）角度铣刀铣 V 形槽；（k）燕尾槽铣刀铣燕尾槽；（l）T 形槽铣刀铣 T 形槽；

（m）键槽铣刀铣键槽；（n）半圆键槽铣刀铣半圆键槽；（o）角度铣刀铣螺旋槽

5. 三面刃铣刀和锯片铣刀

三面刃铣刀一般用于卧式升降台铣床上加工直角槽，如图 4-11（e）所示，也可加工台阶面和较窄的侧面等。锯片铣刀主要用于切断工件或铣削窄槽，如图 4-11（f）所示。

6. 角度铣刀

角度铣刀主要用于卧式升降台铣床上加工各种角度的沟槽。角度铣刀分为单角铣刀［见图 4-11（g）］和双角铣刀，其中双角铣刀又分为对称双角铣刀［见图 4-11（h）］和不对称双角铣刀。

7. 成形铣刀

成形铣刀主要用于卧式升降台铣床上加工各种成形面，如图 4-11（i）所示。

二、铣刀的装夹

1. 带孔铣刀的安装

在卧式铣床上常使用刀杆安装带孔的铣刀，如图 4-12 所示，刀杆的一端为锥体，装入机床的锥孔中，并用拉杆螺栓穿过机床主轴将刀杆拉紧。安装时应注意：

（1）铣刀尽可能靠近主轴或吊架，以避免由于刀杆长，在切削时产生弯曲变形而使铣刀出现较大的径向圆跳动，影响加工质量。

（2）拧紧刀杆端部螺母时，必须先装上吊装，以防止刀杆变弯。

（3）为了保证铣刀的端面圆跳动小，在安装套筒时，两端面必须擦干净。

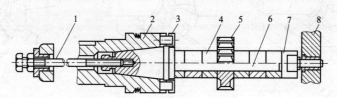

图 4-12　带孔铣刀的安装

1—拉杆；2—主轴；3—端面键；4—套筒；5—铣刀；6—刀杆；7—压紧螺母；8—吊架

2. 带柄铣刀的安装

锥柄铣刀的安装，如图 4-13（a）所示。安装时，若锥柄立铣刀的锥度与主轴孔锥度相同，可直接装入铣床主轴中拉紧螺杆将铣刀拉紧。若锥柄立铣刀的锥度与主轴孔锥度不同，则需利用大小合适的过渡套筒将铣刀装入主轴锥孔中。

直柄铣刀的安装，如图 4-13（b）所示，安装时，铣刀的直柄要插入弹簧套的光滑圆孔中，用螺母压紧弹簧套，使弹簧套的外锥面受压而孔径缩小，即将铣刀夹紧。

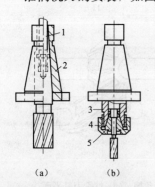

（a）　　　　（b）

图 4-13　带柄铣刀的安装

1—拉杆；2—过滤套筒；3—夹头体；4—螺母；5—弹簧套

三、工件的安装

铣床上常用的工件安装方法有以下几种。

1. 机用虎钳安装工件

在铣削加工时，常使用机用虎钳夹紧工件，如图 4-14 所示。它具有结构简单，夹紧牢靠等特点，所以使用广泛。机用虎钳尺寸规格，是以其钳口宽度来区分的。X62W 型铣床配用的机用虎钳为 160mm。机用虎钳分为固定式和回转式两种。回转式机用虎钳可以绕底座旋转 360°，固定在水平面的任意位置上，因而扩大了其工作范围，是目前机用虎钳应用的主要类型。机用虎钳用两个 T 形螺栓固定在铣床上，底座上还有一个定位键，它与工件台上中间的 T 形槽配合，以提高机用虎钳安装时的定位精度。

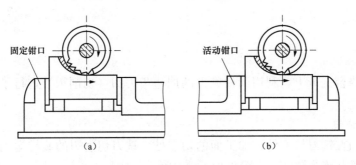

图 4-14　机用虎钳安装工件

（a）正确；（b）错误

2. 用压板、螺栓安装工件

对于大型工件或平口钳难以安装的工件，可用压板、螺栓和垫铁将工件直接固定在工作台上，如图 4-15（a）所示。

3. 用分度头安装工件

分度头安装工件一般用在等分工作中，它既可以用分度头卡盘（或顶尖）与尾架顶尖一起使用安装轴类零件，如图 4-15（b）所示，也可以只使用分度头卡盘安装工件。由于分度头的主轴可以在垂直平面内转动，因此，还可以利用分度头在水平、垂直及倾斜位置安装工件，如图 4-15（c）、（d）所示。

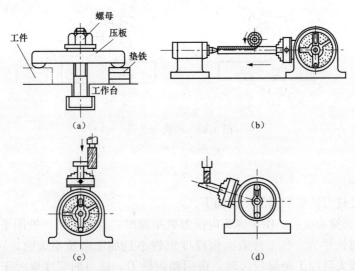

图 4-15　工件在铣床上常用的安装方法

（a）用压板、螺钉安装工件；（b）用分度头安装工件；

（c）分度头卡盘在垂直位置安装工件；（d）分度头卡盘在倾斜位置安装工件

当零件的生产批量较大时，可采用专用夹具或组合夹具装夹工件，这样既能提高生产效率，又能保证产品质量。

第三节　铣平面、斜面和台阶面

一、铣平面

在卧式升降台铣床上，利用圆柱铣刀的周边齿刀刃（切削刃）进行了铣削称为周边铣削，简称周铣。

1. 顺铣与逆铣

（1）顺铣。在铣刀与工件已加工面的切点处，铣刀切削刃的旋转运动方向与工件进给方向相同的铣削称为顺铣，如图 4-16（a）所示。

（2）逆铣。在铣刀与工件已加工面的切点处，铣刀切削刃的旋转运动方向与工件进给方向相反的铣削称为逆铣，如图 4-16（b）所示。

顺铣时，刀齿切下的切屑由厚逐渐变薄，容易切入工件，由于铣刀对工件垂直分力向下压紧工件，所以切削时不易产生振动，铣削平稳。

而逆铣时，刀齿切下的切屑是由薄变厚的。由于刀齿的切削刃具有一定的圆角半径，刀齿接触工件后要滑移一段距离才能切入，因此刀具与工件摩擦严重，致使切削温度升高，工件已加工表面粗糙度增大。

综上所述，从提高刀具耐用度和工件表面质量以及增加工件夹持的稳定性等观点出发，一般采用顺铣法为宜。

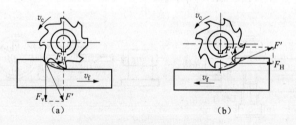

图 4-16　顺铣与逆铣
（a）顺铣；（b）逆铣

2. 铣削步骤

（1）用圆柱铣刀铣削平面的步骤如下。

1）铣刀的选择与安装。由于螺旋齿铣刀铣平面时，排屑顺利，铣削平稳，所以常用螺旋齿圆柱铣刀铣平面。在工件表面粗糙度值较小且加工余量不大时，选用细齿铣刀；表面粗糙度值较大且加工余量较大时，选用粗齿铣刀。铣刀的宽度要大于工件加工表面的宽度，以保证一次进给就可铣完待加工表面。另外，应尽量选用小直径铣刀，以免产生振动而影响表面加工质量。圆柱铣刀安装方法如图 4-17 所示。

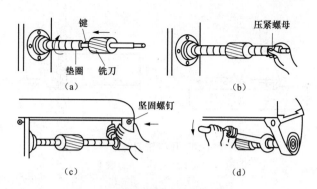

图 4-17　安装圆柱铣刀的步骤

2）切削用量的选择。选择切削用量时，要根据工件材料、加工余量、工件宽度及表面粗糙度要求来综合选择合理的切削用量。一般来说，铣削应采用粗铣和精铣两次铣削的方法来完成工件的加工。由于粗铣时加工余量大，故选择每齿进给量，而精铣时加工余量较小，常选择每转进给量，不管粗铣和精铣，均应按每分钟进给速度来调整机床。

粗铣：侧吃刀量 $a_c=2\sim8mm$，每齿进给量 $f_z=0.03\sim0.16mm/z$，铣削速度 $V_c=15\sim40m/min$。

精铣：铣削速度 $V_c\geqslant50m/min$ 或 $V_c\leqslant10m/min$，每转进给量 $f=0.1\sim0.5mm/r$，侧吃刀量 $a_c=0.2\sim1mm$。

3）工件的装夹方法。根据工件的形状、加工平面的部位以及尺寸公差和形位公差的要求，选择合适的装夹方法。一般用机用虎钳或螺栓压板装夹工件。用机用虎钳装夹工件时，要校正机用虎钳的固定钳口并校正工件，还要根据选定的铣削方式调整刀铣刀与工件的相对位置。

4）操作方法。根据选取的铣削速度，按下式调整铣床主轴的转速

$$n=\frac{1000V_c}{\pi D}(r/min)$$

根据选取的进给量按下式调整铣床的每分钟进给量

$$V_f=fn=f_z zn(mm/min)$$

侧吃刀量的调整要在铣刀旋转（主电动机起动）后进行，即先使铣刀轻微接触工件表面，记住此时升降手柄的刻度线，再将铣刀退离工件，转动升降手柄升高工作台并调整好侧吃刀量，最后固定升降和横向进给手柄并调整纵向工作台机动停止挡铁，即可试铣削。

（2）用端铣刀铣平面。在卧式和立式升降台铣床上用铣刀端面齿刃进行的铣削称为端面铣削，简称端铣，如图 4-18 所示。

由于端铣刀多采用硬质合金刀头，又因为端铣刀的刀杆短、强度高、刚性好以及铣削中的振动小，因此用端铣刀可以高速强力铣削平面，其生产率高于周铣。在生产实际上，端铣已被广泛采用。

用端铣刀铣平面的方法与步骤，基本上与用圆柱铣刀铣平面相同，其铣削用量的选择、工件的装夹和操作方法等均可参照圆柱铣刀铣平面的方法进行。

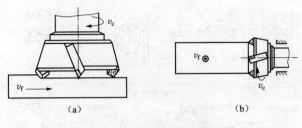

图 4-18　用端铣刀铣平面

（a）在立铣上；（b）在卧铣上

二、铣斜面

工件上的斜面常用下面几种方法进行铣削。

1. 使用斜垫铁铣斜面

在工件的基准下面垫一块斜垫铁，则铣出的工件平面就会与基准面倾斜一定角度，如改变斜垫铁的角度，即可加工出不同角度的工件斜面，如图 4-19 所示。

2. 利用分度头铣斜面

用万能分度头将工件转到所需要位置，即可铣出斜面，如图 4-20 所示。

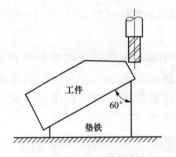

图 4-19　用斜垫铁铣斜面

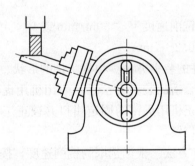

图 4-20　用分度头铣斜面

3. 用万能立铣头铣斜面

由于万能立铣头能方便地改变刀轴的空间位置，因此可通过转动立铣头，使刀具相对工件倾斜一个角度铣削出斜面，如图 4-21 所示。

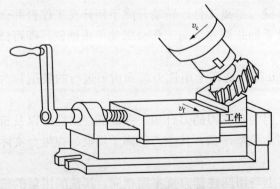

图 4-21　用万能立铣头铣斜面

4. 用角度铣刀铣斜面

较小的斜面可用合适的角度铣刀加工。当加工零件批量较大时，则常采用专用夹具铣斜面，如图 4-22 所示。

三、铣台阶面

在铣床上，可用三面刃盘或立铣刀铣台阶面。在成批生产中，大都采用组合铣刀同时铣削几个台阶面，如图 4-23 所示。

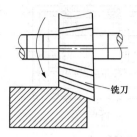

图 4-22　用角度铣刀铣斜面

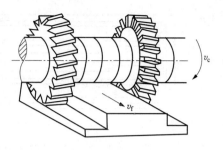
图 4-23　铣台阶面

第四节　铣等分面零件与齿轮加工

在铣削加工中，经常需要铣削四方、六方、齿槽、花键键槽等等分零件。在加工中，可利用万能分度头对工件进行分度，即铣过工件的一个面或一个槽之后，将工件转过所需的角度，再铣第二个面或第二个槽，直至铣完所有的面或槽。

一、分度头的安装与调整

1. 分度头主轴线与铣床工作台台面平行度的校正

如图 4-24 所示，用 $\phi40$ 长 400mm 的校正棒插入分度头主轴孔内，以工作台台面为基准，用百分表测量校正棒两端，当两端百分表数值一致时，则分度头主轴线与工作台台面平行。

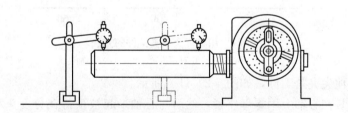
图 4-24　主轴与台面顶尖同轴度的校正

2. 分度头主轴与刀杆轴线垂直度的校正

如图 4-25 所示，将校正棒插入分度头主轴孔内，表架吸在机床主轴端面上，使百分表的测量头与校正棒的内侧面（或外侧面）接触，然后移动纵向工作台，当百分表指针稳定不动时，则表明分度头主轴与刀杆轴线垂直。

3. 分度头与后顶尖同轴度的校正

先校正好分度头，然后将校正棒装夹在分度头与后顶尖之间，校正后顶尖与分度头主轴等高，最后校正其同轴度，即两顶尖间的轴线平行于工作台台面且垂直于铣刀刀杆，如图 4-26 所示。

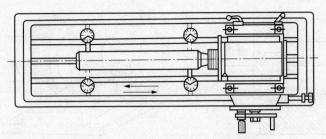

图 4-25　主轴与刀杆轴线垂直的校正

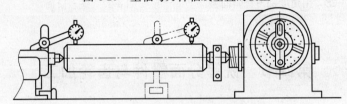

图 4-26　分度头与后顶尖同轴度的校正

二、工件的装夹

利用分度头装夹工件的方法，通常有以下几种：

（1）用三爪自定心卡盘和后顶尖装夹工件，如图 4-27 所示。

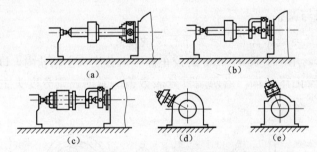

图 4-27　用分度头装夹工件的方法

（a）一夹一顶；（b）双顶尖顶心轴；（c）双顶尖顶工件；（d）心轴装夹；（e）卡盘装夹

（2）用前后顶尖夹紧工件，如图 4-27（b）所示。

（3）工件套装在心轴上用螺母压紧，然后与心轴一起被顶持在分度头和后顶尖之间，如图 4-27（c）所示。

（4）工件套装在心轴上，心轴装夹在分度头的主轴锥孔内，并可按需要使主轴倾斜一定的角度，如图 4-27（d）所示。

（5）工件直接用三爪自定心卡盘夹紧，并可按需要使主轴倾斜一定的角度，如图 4-27（e）所示。

三、四方头螺栓铣削

1. 万能分度头铣削四方头

如图 4-28 所示，铣削四方形螺栓。以圆棒料为坯料，当端面、外圆及螺纹均车削后，在卧式升降铣床上利用万能分度头铣削四方头。

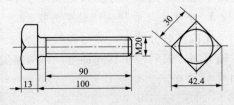

图 4-28　铣削四方形螺栓

铣削方法有如下几种：

（1）分度头主轴处于水平位置，用三爪自定心卡盘装夹工件。当三面刃铣刀铣出一个平面后，用分度头，将工件转过90°铣另一面，直至铣出四方头。

（2）分度头主轴处于垂直位置，用三爪自定心卡盘装夹工件。当三面刃铣刀铣出一个平面后，用分度头，将工件转过90°铣另一面，直至铣出四方头。

（3）分度头主轴处于垂直位置，用三爪自定心卡盘装夹工件。采用组合铣刀铣四方。这种方法是用两把相同的三面刃同时铣出两个平面，如图4-29所示，将工件转过90°再铣出另外两个平面。

2. 组合铣四方头

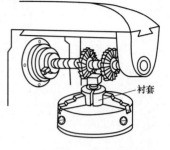

图4-29　用组合铣刀铣四方

采用组合铣四方头时，应注意如下操作要点：

（1）将分度头主轴转90°后，其应与工作台台面垂直并需紧固。为防止卡盘把工件上的螺纹夹坏，需在螺纹部分套上开槽的衬套。

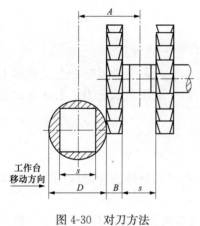

图4-30　对刀方法

（2）采用简单分度法分度时，手柄的转数 $n = \dfrac{40}{z} = \dfrac{40}{4} = 10$ 转，即每次分度时手柄要转过10转。采用直接分度法时，利用分度头上的刻度环将主轴扳转90°即可。

（3）对刀方法，如图4-30所示，先使组合铣刀的一个端面的刀刃与工件侧表面接触，然后下降工作台，在工作台横向移动一个距离 A 后，再铣削。横向移动工作台的距离 A 可按下式计算

$$A = \frac{D}{2} + \frac{S}{2} + B$$

式中　A——横向工作台移动的距离，mm；

　　　D——工件外径，mm；

　　　S——工件四方的对边尺寸，mm；

　　　B——铣刀宽度，mm。

（4）刀杆上装两把直径相同三面刃铣刀，中间用轴套隔开的距离 S 为30mm。

（5）横向工作台的位置确定后，将横向工作台锁紧，然后铣削。

四、齿轮加工

齿轮齿形的加工原理可分为两大类：展成法（又称范成法），它是利用齿轮刀具与被切齿轮的互相啮合运转而切出齿轮的方法，如插齿和滚齿加工等；成形法（又称型铣法），它是利用仿照与被切齿轮齿槽形状相符的盘状铣刀或指状铣刀切出齿形的方法，如图4-31所示。在铣床上加工齿形的方法属于成形法。

铣削时，常用分度头和尾架装夹工件，如图4-32所示。可用盘状模数铣刀在卧式铣床上铣齿，如图4-31（a）所示，也可用指状模数铣刀在立式铣床上铣齿，如图4-31（b）所示。

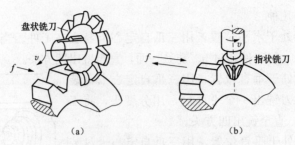

图 4-31　用盘状铣刀或指状铣刀加工齿轮
（a）盘状铣刀铣齿轮；（b）指状铣刀铣齿轮

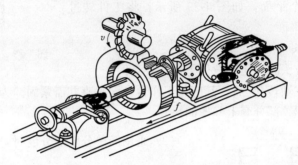

图 4-32　分度头和尾架装夹工件

圆柱形齿轮和锥齿轮，可在卧式铣床或立式铣床上加工。人字形齿轮在立式铣床上加工。蜗轮则可以在卧式铣床上加工。卧式铣床加工齿轮一般用盘状铣刀，而在立式铣床上则使用指状铣刀。

成形法加工具有以下特点：

（1）设备简单，只用普通铣床即可，刀具成本低。

（2）由于铣刀每切一齿槽都要重复消耗一段切入、退刀和分度的辅助时间，因此生产率低。

（3）加工出的齿轮精度较低，只能达到 11～9 级。这是因为在实际生产中，不可能为每加工一种模数、一种齿数的齿轮就制造一把成形铣刀，而只能将模数相同且齿数不同的铣刀编成号数，每号铣刀有它规定的铣齿范围，又每号铣刀的刀齿轮廓只与该号范围的最小齿轮数齿槽的理论轮廓相一致，对其他齿数的齿轮只能获得近似齿形。根据同一模数而齿数在一定范围内，可将铣刀分成 8 把一套和 15 把一套的两种规格。8 把一套的铣刀适用于铣削模数为 0.3～8 的齿轮；15 把一套的铣刀适用于铣削模数为 1～16 的齿轮，15 把一套的铣刀加工精度较高一些。铣刀号数小，加工的齿轮齿数少；反之，刀号大，能加工的齿数就多。

第五节　铣沟槽与铣螺旋槽

在铣床上利用不同的铣刀可以加工直角槽、V 形槽、T 形槽、燕尾槽、轴上的键槽和成形面等，这里着重介绍轴上键槽和 T 形槽的铣削方法。

一、铣键槽

轴上的键槽有开口式和封闭式两种。铣键槽时，工件的装夹方法很多，一般用机用虎钳或专用抱钳、V形架、分度头等装夹工件。不论哪一种装夹方法，都必须使工件的轴线与工作台的进给方向一致，并与工作台台面平行。

1. 铣开口键槽

使用三面刃铣刀铣削，如图 4-33 所示。由于铣刀的振摆会使槽宽扩大，所以铣刀的宽度应稍小于键槽宽度。对于宽度要求较严的键槽，可先进行试铣，以确定铣刀合适的宽度。

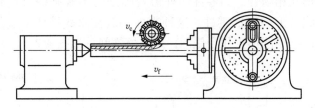

图 4-33　铣开口式键槽

铣刀和工件安装好后，要进行仔细地对刀，也就是使工件的轴线与铣刀的中心平面对准，以保证所铣键槽的对称性。随后进行铣削槽深的调整，调好后才可加工。当键槽较深时，需分多次走刀进行铣削。

2. 铣封闭式键槽

通常使用键槽铣刀，也可用立铣刀铣削，如图 4-34 所示。用键槽铣刀铣封闭式键槽时，可用图 4-34（a）所示的抱钳装夹工件，也可用 V 形架装夹工件。铣削封闭式键槽的长度是由工件台纵向进给手柄上的刻度来控制，宽度则由铣刀的直径来控制。铣封闭式键槽的操作过程如图 4-34（b）所示，即先将工件垂直进给移向铣刀，采用一定的吃刀量将工件纵向进给切至键槽的全长，再垂直进给吃刀，最后反向纵向进给，经多次反复直到完成键槽的加工。

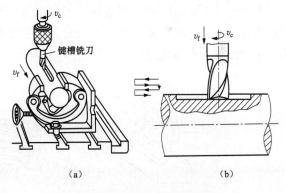

图 4-34　铣封闭式键槽
（a）抱钳装夹；（b）铣封闭式键槽

用立铣刀铣键槽时，由于铣刀的端面齿是垂直的，故吃刀困难，所以应先在封闭式键槽的一端圆弧处用相同半径的钻头钻一个孔，然后再用立铣刀铣削。

半圆键槽，可以在卧式铣床上用半圆键槽铣刀铣削，如图 4-35 所示。

二、铣 T 形槽及燕尾槽

如图 4-36 所示，T 形槽应用很多，如铣床和刨床的工作台上用来安装紧固螺栓的槽就是 T 形槽，要加工 T 形槽及燕尾槽，必须首先用立铣刀或三面刃铣刀铣出直角槽，然后在立铣上用 T 形槽铣刀铣削 T 形槽和用燕尾槽铣刀铣削成形。但由于 T 形槽铣刀工作时排屑困难，因此切削用量应选得小些，同时应多加切削液，最后再用角度铣刀铣出倒角。

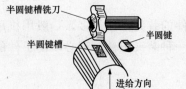

图 4-35 铣半圆键槽

三、铣成形面

如零件在某一表面在断面上的轮廓线是由曲线和直线所组成，这个面就是成形面。成形面一般在卧式铣床上用成形铣刀来加工，如图 4-37 (a) 所示。成形铣刀的形状要与成形面的形状相吻合。如零件的外形轮廓是由不规则的直线和曲线组成，这种零件就称为具有曲线外形表面的零件。这种零件一般在立式铣床上铣削，加工方法有按划线用手动进给铣削；用圆形工作台铣削；用靠模铣削，如图 4-37 (b) 所示。

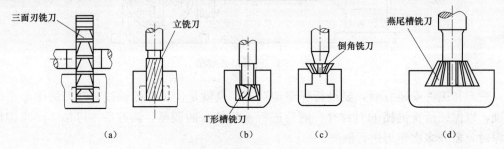

图 4-36 T 形槽及燕尾槽的加工
(a) 铣直角槽；(b) 铣 T 形槽；(c) 倒角；(c) 铣燕尾槽

对于要求不高的曲线外形表面，可按工件上划出的线迹移动工作台进行加工，顺着线迹将打出的样冲眼铣掉一半。在成批及大量生产中，可以采用靠模夹具或专用的靠模铣床来对曲线外形面进行加工。

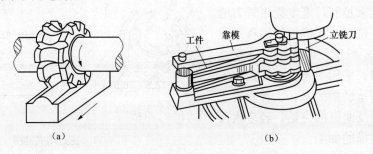

图 4-37 铣成形面
(a) 用成形铣刀铣成形面；(b) 用靠模铣曲面

四、铣螺旋槽

在万能升降台铣床上常用万能分度头铣削带螺旋线的工件，如交错轴斜齿轮、螺旋齿铣好的沟槽、麻花钻头的沟槽、齿轮滚刀的沟槽等，这类工件的铣削统称为铣螺旋槽。

1. 螺旋线的概念

如图 4-38 所示，有一个直径为 D 的圆柱体，假设把一张三角形的薄纸片 ABC（其底

边长 $AC=\pi D$）绕到圆柱体上，底边 AC 恰好绕圆柱一周，而斜边环绕圆柱体所形成的曲线就是螺旋线。

螺旋线要素：

（1）导程。螺旋线绕圆柱体一周后，在轴线方向上所移动的距离称为导程，用 L 表示。

（2）螺旋角。螺旋角与圆柱轴线之间的夹角称为螺旋角，用 β 表示。

（3）螺旋升角。螺旋线与圆柱端面之间的夹角称为螺旋升角，用 λ 表示。

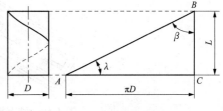

图 4-38　螺旋线的形成

从三角形 ABC 中可知：

$$L = \pi D \cos\beta$$

式中 D 为工件的直径。如铣螺旋铣刀或麻花钻头的沟槽时，D 应取工件的外径值，而铣斜齿轮时 D 应取工件的分度圆直径。

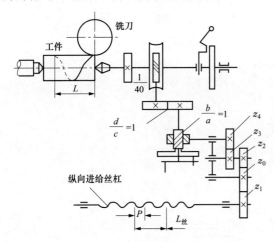

图 4-39　工作台和分度头的传动系统

2. 铣螺旋槽的计算

铣螺旋槽的工作原理与车螺纹基本相同。铣削时，除铣刀作旋转运动外，工件随工作台作纵向进给运动的同时，还要由分度头带动工件作旋转运动，并且要满足下列运动关系：即工件移动一个导程时，主轴刚好转过一周。这个运动关系是通过纵向进给丝杠与分度头挂轮轴之间连接交换齿轮来实现的，如图 4-39 所示。

由图 4-39 可知，工件移动一个导程 L 时丝杠必须转过 $\dfrac{L}{P}$ 转（P 为铣削丝杠螺距），因此工作如丝杠与分度头侧轴之间的交换齿轮（挂轮）应满足如下关系

$$\frac{LZ_1Z_3bd}{PZ_2Z_4ac} \times \frac{1}{40} = 1$$

即

$$\frac{Z_1Z_3}{Z_2Z_4} = \frac{40P}{L}$$

式中　Z_1、Z_2、Z_3、Z_4——交换齿轮齿数；

　　　　P——铣床纵向进给丝杠螺距，mm；

　　　　L——工件导程，mm。

3. 万能升降台铣床工作台原理

为了使螺旋槽的法向断面形状与盘铣刀的断面形状一致，纵向工作台必须带动工件转过一个工件的螺旋角 β，这项调整是靠万能升降台铣床转动工作台来实现的，如图 4-40 所示。加工右旋螺旋槽时，逆时针扳转工作台；加工左旋螺旋槽时，顺时针扳转工作台。

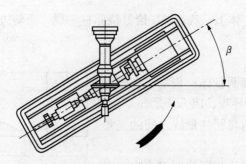

图 4-40　铣右螺旋槽时工作台扳转的角度

技能实训 **铣削平面**

一、实习教学要求

（1）掌握铣削工件的装夹。

（2）掌握平面铣削的方法及切削用量选择。

二、实习所需工具、量具及刃具

硬质合金端铣刀，钢直尺、游标卡尺等。

三、工件图样

实训工件如图 4-41 所示。

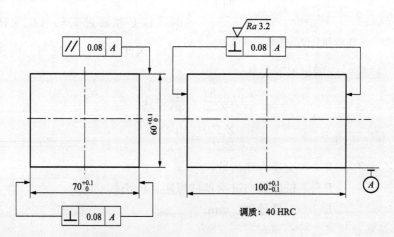

图 4-41　实训工件

四、任务实施

（1）用机用虎钳装夹工件。

（2）用端铣刀先铣出一个平面并作为基准面。

（3）用同样的方法分别先出其他三个平面，并控制尺寸。

（4）检查直线度、平行度及尺寸，合格后取下工件。

五、评分标准

铣削平面评分标准见表 4-1。

表 4-1　　　　　　　　　　　　　铣削平面评分标准

序号	项目与技术要求	配分	评分标准	实测记录	得分
1	工件放置或夹持正确	5	不符合要求酌情扣分		
2	工量具放置位置正确、排列整齐	5	不符合要求酌情扣分		
3	铣刀的装夹正确	15	不符合要求酌情扣分		
4	测量姿势正确，数据准确	15	不符合要求酌情扣分		
5	铣削平面步骤达到要求	15	不符合要求酌情扣分		
6	铣削时切削用量选择合理	15	不符合要求酌情扣分		
7	按图样达到要求	30	总体评定（每项 5 分）		
8	安全文明操作		违者每次扣 2 分		

第五章

电气焊基础知识和技能训练

第一节 手工电弧焊及焊条

电弧焊是利用电弧作为热源的熔焊方法。用手工操纵焊条进行焊接的电弧焊称为焊条电弧焊，又称为手工电弧焊。焊接电弧是在电极与焊件间产生的强烈而持久的气体放电现象。其主要特点是电压低、电流大、温度高、易于引燃、使用方便。

手工电弧焊的设备简单，操作方便，适应性强，目前应用仍然十分广泛，特别适合于单件小批量生产、焊件结构复杂、焊缝短小弯曲以及各种空间位置的焊接。其主要缺点是生产率较低、劳动条件较差、焊接质量不够稳定和对焊工的操作水平要求较高。

一、焊接原理

手工电弧焊的焊接过程如图 5-1 所示。焊接前，先将工件和焊钳通过导线分别接到电焊机的两极上，并用焊钳夹持焊条。焊接时，先将焊条与工件瞬时接触，造成短路，然后迅速提起焊条，并使焊条与工件保持一定距离（2～4mm），这时，在焊条与工件之间便产生了电弧。电弧热将工件接头处和焊条熔化，形成一个熔池，随着焊条沿焊接方向移动，新的熔池不断产生，原先的熔池则不断的冷却、凝固，形成焊缝，从而将分离的工件连成整体。

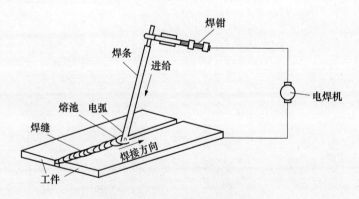

图 5-1 手工电弧焊的焊接过程

焊接电弧是在具有一定电压的两电极间或电极与焊件间及在气体介质中产生的强烈而持久的放电现象。焊接电弧由阴极区、阳极区和弧柱三部分组成，如图 5-2 所示。电弧紧靠负电极的区域为阴极区，电弧紧靠正电极的区域为阳极区，阴极区和阳极区之间的部分为弧柱，其长度相当于整个电弧长度。用钢焊条焊接钢材时，阴极区的温度为2400K，产生的热量约占电弧总热量的36％，阳极区的温度为2600K，产生的热量约占电弧总热量的43％，弧柱的中心温度高，可达6000～8000K，热量约占总热量的21％。

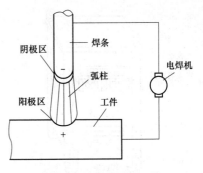

图5-2 焊接电弧的组成

用直流电进行焊接时，由于正极与负极上的热量不同，所以有正接和反接两种接线方法。当工件接正极，焊条接负极时称为正接法，这时电弧中的热量大部分集中在工件上，这种接法多用于焊接较厚的工件；若工件接负极，焊条接正极则称为反接法，用于焊接较薄的钢制工件和有色金属件等。但在使用碱性焊条时，均采用直流反接。

在使用交流电进行焊接时，由于电弧极性瞬间交替变化，因此在焊条与工件上的热量和温度分布是相等的，不存在正接或反接问题。

二、手工电弧焊设备

手工电弧焊机是供给焊接电弧燃烧的电源，又称弧焊电源。根据焊接电流性质的不同，分为交流弧焊机（弧焊变压器）和直流弧焊机（弧焊整流器）两大类。

1. 交流弧焊机

交流弧焊机是一种手工电弧焊专用的具有一定特性的降压变压器，故称弧焊变压器。它将工业电的电压（380V或220V）降低，使空载时只有60～80V，既能满足顺利起弧的需要，对操作者也较安全。起弧时，焊条与焊件接触形成瞬时短路，交流弧焊机的输出电压会自动降低至趋近于零，使短路电流不致过大而烧毁电路或焊机。焊接时保持在20～30V。此外，交流弧焊机能供给焊接时所需的电流，一般为几十安至几百安，并可根据焊件的厚度和焊条直径的大小调节所需电流值。

交流弧焊机具有结构简单、噪声小、价格低、使用维修方便及效率高等优点；缺点是电弧稳定性较差。

目前国内常用的交流弧焊机其型号为BX1-330，如图5-3所示。其中B表示交流弧焊机，X表示下降外特性（电源输出端电压与输出电流的关系称为电源的外特性），1为系

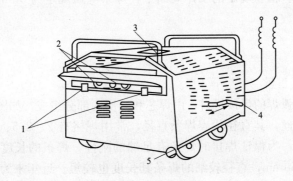

图5-3 交流弧焊机

1—焊接电源两极；2—线圈抽头（粗条线圈）；3—电流指示盘；4—调节手柄（微调电流）；5—接地螺钉

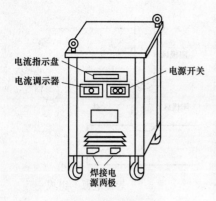

电流指示盘
电流调示器
电源开关
焊接电源两极

图 5-4 整流弧焊机

列品种序号，330 表示弧焊电源的额定焊接电源为 330A。

2. 直流弧焊机

直流弧焊机又称弧焊整流器，整流式直流弧焊机结构相当于在交流弧焊机上加上整流器，从而将交流电变为直流电。常用的 ZXG-300 型整流弧焊机的外形如图 5-4 所示。与交流弧焊机比较，整流弧焊机的电弧稳定性好；与旋转式直流弧焊机（见图 5-5）比较，整流弧焊机的结构简单，使用时噪声小。因此，整流弧焊机的应用日益增多，已成为我国手弧焊机的发展方向。

直流弧焊机有两种接法：正接与反接，如图 5-6 所示。

3. 弧焊电源的主要技术参数

弧焊电源的铭牌上均标明其主要技术参数。

（1）一次电压。指弧焊电源接入网路所要求的网路电压，一般弧焊变压器的一次电压为单相 380V 或 220V，弧焊整流器的一次电压为三相 380V 或两相 220V。

（2）空载电压。指弧焊电源没有负载，也就是无焊接电源时的输出端电压。一般为 50～80V。

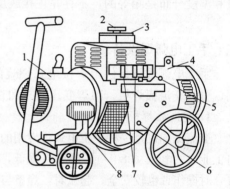

图 5-5 旋转式直流弧焊机
1—交流电动机；2—细调电流；3—电流指示盘；
4—直流发电机；5—粗调电流；6—接地螺钉；
7—焊接电源两极（接焊件和焊条）；8—外接电源

（3）工作电压。指弧焊电源的焊接时的输出端电压，也可视为电弧两端的电压，或叫做电弧电压，一般为 20～40V。

（4）电流调节范围。指弧焊电源在正常工作时可提供的焊接电流范围，一般为几十安到几百安。

（5）额定焊接电流。指弧焊电源在额定负载持续时许用的焊接电流。

（6）负载持续率。指在规定的工作周期中，焊条电弧规定为 5min，弧焊电源平均有负载时间所占的百分数。

三、焊条

1. 电焊条组成及作用

电焊条是手工电弧焊的焊接材料，由焊芯和药皮两部分组成，如图 5-7 所示。

焊芯是焊接用钢丝，其直径代表焊条直径，常用规格有 2、2.5、3.2、4、5mm；焊芯长度代表焊条长度，为保证焊接时焊条有足够的刚性，焊条的长度根据其直径不同而不同，一般为 25～450mm，直径较细的焊条其长度也较短。近年来为了适应装潢及薄板焊接等需要，已有直径 1.0～1.6mm 的特细焊条面世。

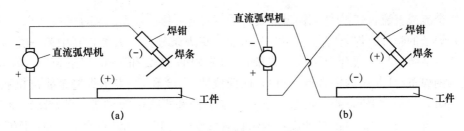

图 5-6 直流弧焊机电源正接和反接
(a) 正接；(b) 反接

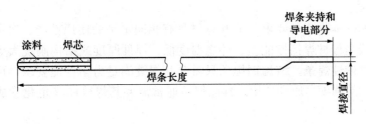

图 5-7 电焊条

焊接时焊芯有两个作用：一是作为传导电流并形成电弧的电极；二是作为组成焊缝的填充金属。

药皮是压涂在焊芯表面上的涂料层，由许多矿物质、铁合金粉、有机物和黏合剂等原料按一定比例配制而成。其主要作用如下：

（1）改善焊条的焊接工艺性，使电弧容易引燃并稳定燃烧，有利于焊缝成形，减少飞溅，提高生产率等。

（2）机械保护作用，在电弧高温作用下，药皮分解产生大量气体并形成液态熔渣，使焊接处金属与空气隔绝。

（3）冶金处理作用，去除熔池中的氧、氢、硫、磷等有害元素，添加有益的合金元素，改善焊缝质量。

2. 焊条的种类

根据国家标准，焊条可分为结构钢焊条、耐热钢焊条、不锈钢焊条、铸铁焊条、堆焊焊条、铜及铜合金焊条、铝及铝合金焊条等十大类。按焊条药皮性质分，焊条可分为酸性焊条和碱性焊条两大类。

酸性焊条具有良好的焊接工艺性，可用交流或直流电源，对引起焊缝产生气孔的铁锈、油污和水分的敏感性较低，但焊缝的塑性、韧性和抗裂性能较差。

碱性焊条有较强的脱氧、去氢、除硫和抗裂纹的能力，焊接的焊缝力学性能好，但焊接工艺性不如酸性好，大多需采用直流电源反接，焊前需经烘干。

3. 焊条的型号与牌号

（1）焊条的型号。GB/T 5117—1995 规定了碳钢焊条型号的编制方法。现以常用焊条 E4303 和 E5015 为例说明：型号中 E 表示焊条，前两位数字表示焊缝金属抗拉强度的最小值分别为 420MPa 和 490MPa；第三位数字表示焊条适用的焊接位置，0 和 1 均表示可全位置焊接；第三位和第四位数字式组合表示焊接电源种类和药皮类型，03 钛钙型药皮，可用交流或直流，15 为低氢钠型药皮，采用直流反接。

（2）焊条的牌号。焊条牌号全国统一编制，将焊条分为十大类，其中第一类为结构钢焊条（包括碳钢和普通合金结构钢焊条）。以常用的 J422 和 J507 焊条为例，牌号中 J 表示结构钢焊条（J 是结的拼音首字母），前两位数字 42 和 50 表示焊缝金属抗拉强度不低于 420MPa 和 490MPa，第三位数字表示药皮类型和焊接电源种类，2 为钛钙型药皮，可用交流或直流，7 为低氢钠型药皮，采用直流反接。可知，J422 符合 E4303，J507 符合 E5015。不锈钢焊条、堆焊焊条及其他焊条型号、牌号国家标准规定的编制方法可参阅有关焊接手册。

4. 焊条的选用

焊条选用的基本原则是要求焊缝和母材具有相同水平的使用性能。对承受冲击、动载等重要构件或当母材焊接性能差、环境温度低、焊件厚度或结构刚度大等易产生焊接裂纹时，应选用碱性焊条。结构钢焊条只需要其焊缝满足力学性能要求，可根据母材的抗拉强度，按"等强度"原则选用。其他焊条通常需要其焊缝能满足化学成分和使用性能的要求。

四、手工电弧焊工艺

手工电弧焊工艺主要包括焊接接头型式、焊缝的空间位置和焊接规范。

1. 焊接接头型式

根据工件厚度和工作条件的不同，需采用不同的焊接接头型式。常用的接头型式有对接、搭接、角接和 T 字接等，如图 5-8 所示。

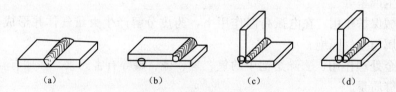

（a）　　　　　　（b）　　　　　　（c）　　　　　　（d）

图 5-8　焊接接头型式

（a）对接；（b）搭接；（c）角接；（d）T 字接

对接接头是各种焊接结构中采用最多的一种接头型式。当工件较薄时，只要在工件接口处留出一定的间隙，就能保证焊透。工件厚度大于 6mm 时，为了保证焊透，焊接前需要把工件的接口边缘加工成一定的形状，称为坡口，对接接头常见的坡口形状如图 5-9 所示。

V 形坡口加工方便；X 形坡口，由于焊缝两面对称，焊接应力和变形小，当工件厚度相同时，较 V 形坡口节省焊条；U 形坡口，容易焊透，工件变形小，用于焊接锅炉、高压容器等重要厚壁构件。X 形和 U 形坡口加工比较费工时。

2. 焊接工具

进行手工电弧焊时工具有：夹持焊条的焊钳；保护眼睛、皮肤免于灼伤的电弧手套和面罩；清除焊缝表面及渣壳的清渣锤和钢丝刷等，如图 5-10 所示。

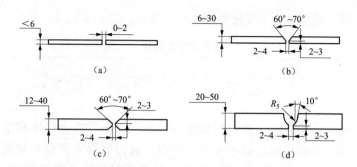

图 5-9　对接接头的坡口

(a) 平头对接；(b) V 形坡口；(c) X 形坡口；(d) U 形坡口

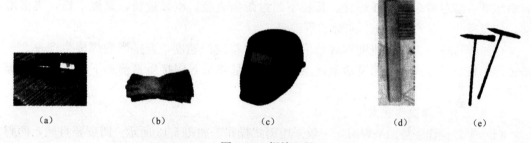

图 5-10　焊接工具

(a) 焊钳；(b) 电弧手套；(c) 防护面罩；(d) 钢丝刷；(e) 清渣锤

3. 焊缝的空间位置

按焊缝在空间的位置不同，可分为平焊、立焊、横焊和仰焊，如图 5-11 所示。

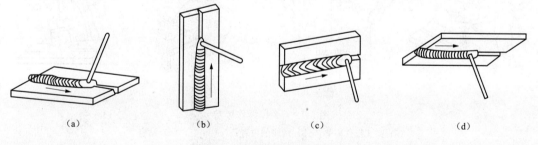

图 5-11　焊缝的空间位置

(a) 平焊；(b) 立焊；(c) 横焊；(d) 仰焊

平焊是将工件放在水平位置或在与水平面倾斜角度不大的位置上进行焊接。平焊操作方便，劳动强度小，易于保证焊缝质量。立焊是在工件立面或倾斜面上纵方向的焊接。横焊是在工件立面或倾斜面上横方向的焊接。仰焊是焊条位于工件下方，焊工仰视工件进行焊接。立焊和仰焊由于熔池中液体金属有滴落的趋势，操作难度大，生产率低，质量不易保证，所以应尽可能地采用平焊。

4. 焊接工艺参数

焊接工艺参数是焊接时为保证焊接质量而选定的一些物理量的总称，手工电弧焊的主要工艺参数如下。

（1）焊条直径。焊条直径主要根据焊件厚度选定，见表 5-1。

表 5-1　　　　　　　　　　　　　　　　焊条直径的选择

焊件厚度/mm	<2	2~4	4~10	10~14	>14
焊条直径/mm	1.5~2.0	2.5~3.2	3.2~4	4~5	>5
焊接电流/A	55~60	100~130	160~210	200~70	270~300

（2）焊接电流。焊接电流主要根据焊条直径选用，生产中应考虑焊条种类、焊接位置、焊件厚度、接头形式和焊工技术水平等情况，通过试焊来调整和确定焊接电流。电流过小，电弧不稳，生产率低，易产生夹渣、未焊透等缺陷；电流过大，易产生咬边、烧穿等缺陷以及造成焊条发红、药皮脱落，不能正常焊接。

（3）电弧电压。电弧电压主要取决于电弧长度：电弧长，电弧电压高；电弧短，电弧电压低。应尽量采用短弧焊接，弧长不超过焊条直径。电弧过长，燃烧不稳，飞溅增多，熔深减小，易产生气孔、未焊透等缺陷。

（4）焊接速度。焊接速度即焊条沿焊接方向移动的速度，直接影响焊接生产率。一般由焊工根据具体操作情况灵活掌握。在保证焊缝成形等焊接质量前提下尽可能提高焊接速度。

5. 手工电弧焊操作技术

（1）平焊操作姿势。平焊时，一般采用蹲式操作，如图 5-12 所示。蹲姿要自然，两脚夹角为 70°~85°，两脚距离 240~260mm。持焊钳的胳膊半伸开，要悬空无依托地操作。

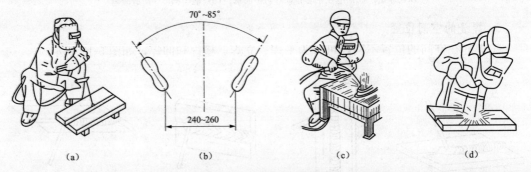

图 5-12　平焊操作姿势

(a) 蹲式操作姿势；(b) 两脚的位置；(c) 坐姿；(d) 站姿

（2）焊条安装。焊钳与焊条的夹角如图 5-13 所示。

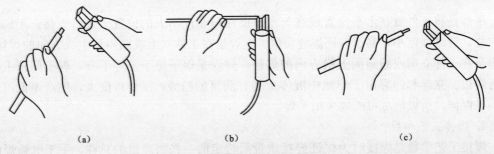

图 5-13　焊钳与焊条的夹角

(a) 80°；(b) 90°；(c) 120°

（3）引弧。引弧就是使焊条和工件之间产生稳定的电弧。引弧时，将焊条端部与工件表面接触，形成短路，然后迅速将焊条提起 2～4mm，电弧即被引燃。

引弧方法有敲击法和摩擦法两种，如图 5-14 所示。摩擦法类似擦火柴，焊条在工件表面划一下即可，敲击法是将焊条垂直地触及工件表面后立即提起。

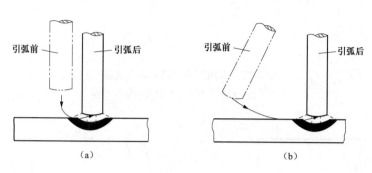

图 5-14　引弧方法
（a）敲击法；（b）摩擦法

引弧时，焊条提起动作要快，否则容易粘在工件上。摩擦法不易粘条，适于初学者采用。如发生粘条，可将焊条左右摇动后拉开。若拉不开，则要松开焊钳，切断焊接电路，待焊条稍冷后再作处理。

有时焊条与工件瞬时接触后不能引弧，往往是焊条端部的药皮妨碍了导电，只要将包住焊芯的药皮敲掉即可。焊条与工件瞬间接触后，提起不能太高，否则电弧点燃后又会熄灭。

（4）运条。焊条的操作运动简称运条，实际是一种综合合成运动，它包括焊条的前移运动、送进运动及摆动。

1）前移运动。是沿焊缝焊接方向的移动，握持焊条前移时在空间应保持一定角度。焊条与焊缝的角度影响填充金属的熔敷状态、熔化的均匀性及焊缝外形。正确保持焊条位置，还能避免咬边和夹渣。

2）焊条的送进。是沿焊条的轴向向工件方向的下移运动。维持电弧是靠焊条均匀的送进，以逐渐补偿电焊条端部的熔化过渡进熔池的部分。送进运动应使电弧保持适当长度，以便稳定燃烧。

3）焊条的摆动。是指焊条在焊缝宽度方向横向运动，目的是为了加宽焊缝，并使接头达到足够的熔深，摆动幅度越大，焊缝越宽。焊接薄板时，不必过大摆动甚至直线运动即可，这时的焊缝宽度为焊条直径的 0.8～1.5 倍。焊接较厚的工件，需摆动运条，焊缝宽度可达直径的 3～5 倍。常用的横向摆动运条方法如图 5-15 所示。

（5）焊缝的收尾。焊缝结尾时，为了避免出现尾坑，焊条应停止向前移动，而且朝一个方向旋转，自下而上地慢慢拉断电弧，以保证接尾处成形良好，如图 5-16 所示。

1）划圈收尾法。焊条移至焊道的终点时，利用手腕的动作做圆圈运动，直到填满弧坑再拉断电弧。该方法适用厚板焊接，用于薄板焊接会有烧穿的危险。

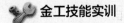
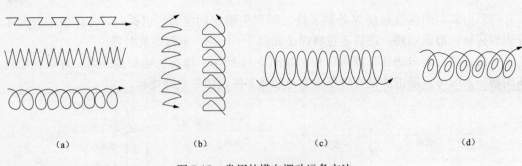

（a）　　　　　　（b）　　　　　　（c）　　　　　　（d）

图 5-15　常用的横向摆动运条方法

（a）平焊；（b）立焊；（c）横焊；（d）仰焊

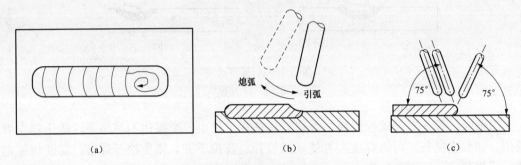

（a）　　　　　　　　　（b）　　　　　　　　　（c）

图 5-16　焊缝的收尾方法

（a）划圈收尾法；（b）反复断弧收尾法；（c）回焊收尾法

2）反复断弧法。焊条移至终点时，在弧坑处反复熄弧、引弧数次，直到填满弧坑为止。该方法适用于薄板及大电流焊接，但不适用于碱性焊条。

3）回焊收尾法。由后倾改为前倾，适用于薄板碱性焊条焊接。

（6）焊前的点固。为了固定两焊件的相对位置，焊前要在工件两端进行定位焊（通常称为点固）。点固后要把渣清理干净。如若焊件较长，则可每隔 200～300mm，点固一个焊点。如图 5-17 所示。

（7）焊后清理。用钢丝刷等工具把熔渣和飞溅物等清理干净。

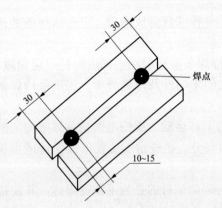

图 5-17　焊前点固

第二节　气　焊　与　气　割

一、气焊

所谓气焊，是指利用可燃气体和氧气的混合气体燃烧所产生火焰的热能来加热工件、熔化焊丝进行焊接的一种熔化焊方法。

气焊通常使用的可燃性气体是乙炔（C_2H_2），氧气是气焊中的助燃气体。乙炔用纯氧助燃，与在空气中燃烧相比，能大大提高火焰的温度。乙炔和氧气在焊炬中混合均匀从焊嘴喷出燃烧，将工件和焊丝熔化形成熔池，冷凝后形成焊缝。

气焊的优点是结构简单，成本低；操作方便，具有很大的灵活性；不用电。

气焊的缺点是温度较低，最高温度也只有3000℃左右；火焰热量分散，工件变形较大；生产率较低，很难实现机械化、自动化生产。

气焊主要用于焊接0.5～3mm的薄钢板，焊接铜、铝等有色金属及其合金，进行铸铁件的补焊，特别适合于无电的野外作业场合。

1. 气焊设备

气焊所用的设备及气路连接，如图5-18所示，主要有氧气瓶、乙炔瓶（乙炔发生器）、减压器、回火防止器、焊炬等。移动式乙炔发生器与明火距离大于或等于10m，与氧气瓶距离大于或等于5m，不能放在高压线下方，冬季防冻（用热水或蒸气解冻），夏季防晒。

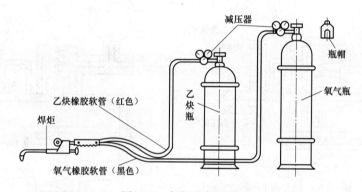

图5-18 气焊设备连接图

（1）氧气瓶。氧气瓶是运输和储存高压氧气的容器，如图5-19所示，容积为40L，最高压力为14.7MPa，氧气瓶漆成蓝色，用黑漆标明"氧气"字样，输送氧气的管道涂天蓝色。

氧气的助燃作用很大，如果在高压下遇到油脂，就会有自燃爆炸的危险，所以，应正确地保管和使用氧气瓶。氧气瓶必须放置得平稳可靠，不能与其他气瓶混在一起。气焊工作地和其他火源必须距氧气瓶5m以上，禁止撞击氧气瓶，严禁沾染油脂等。

（2）乙炔瓶。乙炔瓶是储存和运输乙炔的容器，其外形与氧气瓶相似，但其表面涂成白色，并用红漆写上"乙炔"字样。乙炔瓶容积为40L，限压为1.52MPa，乙炔瓶的构造如图5-20所示。在乙炔瓶内装有浸满丙酮的多孔性填料，丙酮对乙炔有良好的溶解能力，可使乙炔稳定而安全地储存在瓶中，在乙炔瓶上装有瓶阀，用方孔套筒扳手启闭。使用时，溶解在丙酮中的乙炔就分离出来。通过乙炔瓶阀流出，而丙酮仍留在瓶内，以便溶解再次压入的乙炔，一般乙炔瓶上亦要安装减压器。

（3）减压器。减压器的作用是将高压氧气瓶（或乙炔瓶）中高压氧气（或乙炔）减压至焊炬所需的工件压力（0.1～0.3MPa），同时减压器还有稳定作用，以保证火焰能稳定燃烧。减压器的构造和工件情况，如图5-21所示。

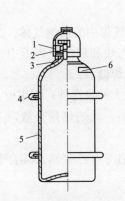

图 5-19 氧气瓶

1—瓶帽；2—瓶阀；3—瓶钳；4—防振圈；

5—瓶体；6—标志

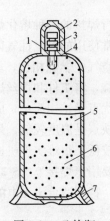

图 5-20 乙炔瓶

1—瓶口；2—瓶帽；3—瓶阀；4—石棉；5—瓶体；

6—多孔填料；7—瓶座

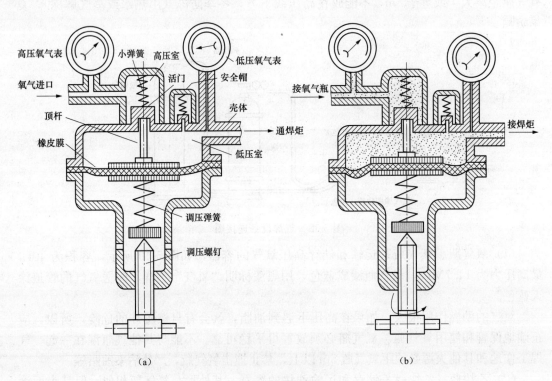

（a）　　　　　　　　　　　　　（b）

图 5-21 减压阀

(a) 关闭状态；(b) 工作状态

（4）焊炬。焊炬是使乙炔和氧气按一定比例混合，并获得稳定气焊火焰的工具。常用的焊炬是低压焊炬或称射吸式焊炬，其型号有 H01-2，H01-6，H01-12 等多种。其字母和数字的含义为 H—焊炬；0—手工；1—射吸式；2、6、12 等表示可焊接最大厚度（mm）。图 5-22 所示为射吸式焊炬。

射吸式焊炬由乙炔接头、氧气接头、手柄、乙炔阀、氧气阀、射吸式管、混合管、焊嘴等组成。每把焊炬都配有 5 个不同规格的焊嘴（1、2、3、4、5，数字小则焊嘴孔径

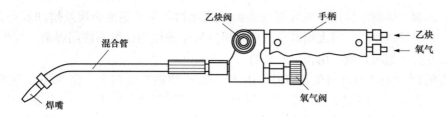

图 5-22 射吸式焊炬

小），以适用不同厚度的工件的焊接。焊炬型号与钢板厚度等基本参数选择见表 5-2。

表 5-2   焊炬基本参数

焊炬型号	焊钢板厚度/mm	氧气压力/MPa	乙炔压力/MPa	可换焊嘴个数	焊嘴孔径/mm
H01～2	0.2～2	0.1～0.25	1～100	5	0.5～0.9
H01～6	2～6	0.2～0.4	1～100	5	0.9～1.3

（5）回火防止器。回火防止器是防止混合气体火焰回烧的安全装置。正常焊接时，气体火焰在焊嘴外燃烧。由于气体压力不正常，焊嘴过热、堵塞或距焊件太近等原因，火焰会进入焊嘴内沿乙炔管道逆向燃烧，即发生"回火"现象。若不及时排除，有可能烧坏焊炬、管路甚至引起乙炔瓶爆炸。回火防止器的作用就是截住回火气体，断绝乙炔来路，阻止继续回烧。在乙炔气路中必须装有回火防止器，并保证其始终处于正常状态，图 5-23 所示为水封闭回火防止器的工作原理图。

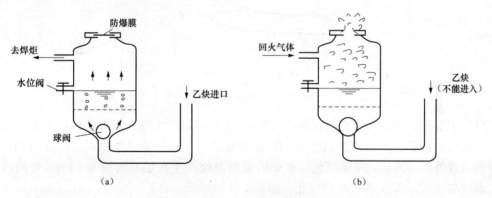

图 5-23 回火防止器
（a）正常工作时；（b）回火时

2. 焊丝和焊剂

（1）焊丝。焊丝是气焊时起填充作用的金属丝。焊丝的化学成分直接影响到焊接质量和焊缝的力学性能。各种金属焊接时，应采用相应的焊丝。在焊接低碳钢时，常用的气焊焊丝的牌号有 H08 和 H08A 等。焊丝使用时，应清除表面上的油脂和铁锈等。

焊丝的直径主要根据工件厚度来决定，选择碳钢气焊焊丝直径可参考表 5-3。

表 5-3   碳钢气焊焊丝直径选择

工件厚度/mm	1.0～2.0	2.0～3.0	3.0～6.0
焊丝直径/mm	1.0～2.0 或不用焊丝	2.0～3.0	3.0～4.0

（2）焊剂。焊剂的作用是去除焊缝表面的氧化物，保护熔池金属及增加液态金属的流动性。气焊低碳钢时，因火焰本身已具有相当的保护作用，可不使用焊剂。气焊铸铁、有色金属及合金钢时，则需用相应的焊剂。

常用的焊剂有 CJ101（气剂 101，用于焊接不锈钢、耐热钢，俗称不锈钢焊粉），CJ201（气剂 201，用于铸铁），CJ301（气剂 301，用于铜合金），CJ401（气剂 401，用于铝合金）。用于铜合金、铸铁的焊剂，主要成分是硼酸（H_3BO_3）、硼砂（$Na_2B_4O_7$）及碳酸钠（Na_2CO_3）。

3. 辅助器具与防护用具

辅助器具有通针、橡皮管、点火器、钢丝刷、手锤、锉刀等。防护用具有气焊眼镜、工作服、手套等。

4. 气焊工艺

气焊操作时，调节焊炬的氧气阀和乙炔阀可以改变氧气和乙炔的混合比例，从而得到三种不同的气焊火焰：中性焰、碳化焰和氧化焰，如图 5-24 所示。

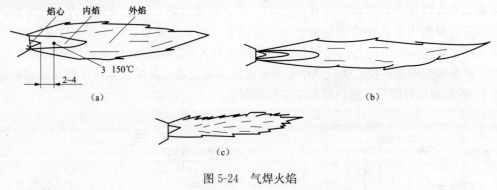

图 5-24　气焊火焰
（a）中性焰；（b）碳化焰；（c）氧化焰

（1）中性焰。当氧气和乙炔的体积比为 1～1.2 时，产生的火焰为中性，又称为正常焰。正常焰由焰心、内焰和外焰组成。靠近喷嘴处为焰心，呈白亮色，其次为内焰，呈蓝紫色，最外层为外焰，呈橘红色。火焰的最高温度产生在焰心前端 2～4mm 处的内焰区，温度高达 3150℃。焊接时应以此区加热工件和焊丝。

中性焰用于焊接低碳钢、中碳钢、合金钢、紫铜和铝合金等材料，是应用最广泛的一种气焊火焰。

（2）碳化焰。当氧气和乙炔的体积比小于 1 时，得到碳化焰。由于氧气较少，燃烧不完全，整个火焰比中性焰长。火焰中含乙炔比例越高，火焰越长，最高温度为 2700～3000℃。当乙炔过多时，还会冒出黑烟（碳粒）。

碳化焰用于焊接高碳钢、铸铁和硬质合金等材料。在焊接其他材料时，会使焊缝金属增加碳含量，变得硬而脆。

（3）氧化焰。当氧气和乙炔的体积比大于 1.2 时，得到氧化焰。由于氧气较多，燃烧剧烈，火焰明显缩短，焰心呈锥形，内焰几乎消失，并有较强的咝咝声。最高温度可达 3100～3300℃。

氧化焰易使金属氧化，用途不广，仅用于焊接黄铜和锡青铜，其目的是防止锌、锡在高温时蒸发。

5. 气焊操作步骤

气焊的操作步骤有点火、调节火焰、焊接和熄火等。

（1）点火。点火时先微开氧气阀，再开乙炔阀，然后将焊嘴靠近明火点燃火焰。注意点火时喷嘴不能对着人。若有放炮声或火焰熄灭，应立即减少氧气或先放掉不纯的乙炔，而后再点火。点火时，先把氧气阀略微打开，以吹掉气路中的残留杂物。

（2）调节火焰。调节火焰是指调节火焰的种类和大小。通常刚点燃后的火焰是碳化焰，然后逐渐开大氧气阀，改变氧气和乙炔的比例，根据被焊材料性质的要求，调到所需的中性焰、氧化焰或碳化焰。

火焰的大小根据焊件的厚度和操作者的技术熟练程度综合考虑。若要减小火焰，应先减少氧气，再减少乙炔；若要增大火焰，应先增加乙炔，后增大氧气。

（3）焊接。

1）焊接方向。气焊操作是右手握焊炬，左手拿焊丝，可以向右焊（右焊法），也可向左焊（左焊法）。右焊法焊炬在前，焊丝在后，优点是火焰指向焊缝，能很好保护金属，防止它受到周围空气的影响，使焊缝缓慢冷却。右焊法的热量集中，坡口角度可开小些，节省金属；坡口小，收缩量小，可减少变形；火焰对着焊缝，起到焊后回火的作用，使冷却迟缓，组织细密，减少缺陷；由于热量集中，可减少乙炔、氧气的消耗量10%～15%，提高焊速10%～20%，故右焊法的焊接质量较好，但技术较难掌握，焊丝挡住视线，操作不便；左焊法焊丝在前，焊炬在后，火焰吹向待焊部分的接头表面，有预热作用，焊接速度较快，操作方便，一般多采用左焊法。

2）施焊方法。如图5-25所示，以平焊为例，焊嘴角度在起焊点要与焊件垂直，以便迅速加热焊件。施焊时，要使焊炬与工件呈一定的倾角，工件越厚，倾角越大；金属的熔点越高，导热性越大，倾角就越大。

焊接时，火焰高度以保证火焰的最高温度处加热焊件为宜，一般要保持焰心距焊件2～3mm。这样加热速度快，效率高，对熔池的保护效果较好，不会回火。

温度是焊接操作的关键，还应注意送进焊丝的方法，要把焊件加热到熔化后再加焊丝。焊丝熔化一定数量之后，应退出熔池，焊炬随即向前移动，形成新的熔池。

注意焊丝不能经常处在火焰前面，以免阻碍工件受热；也不能使焊丝在熔池上面熔化后滴入熔池；更不能在接头表面尚未熔化时就送入焊丝。

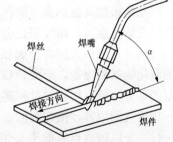

图5-25　平焊时的焊接操作

加焊丝的速度要适当，过慢会使熔池塌下去；速度过快时，会把熔池戳穿。

焊接时，火焰内层焰心的尖端要距离熔池表面2～4mm，形成的熔池要尽量保持瓜子形、扁圆形或椭圆形。

3）焊缝收尾。当焊到焊缝终点时，由于端部散热条件差，应减小焊炬与焊件的夹角（20°～30°），同时要增加焊接速度和多加一些焊丝，以防止熔池扩大，形成烧穿。

4）运条。如图5-26所示，焊接运条方法有直线往复形和圆形两种，操作为四种方式。前三种适用于厚板，后一种适用于薄板。

（4）熄火。焊接结束时应熄火，首先关乙炔阀，然后再关氧气阀，否则会引起回火，同时减少烟尘。

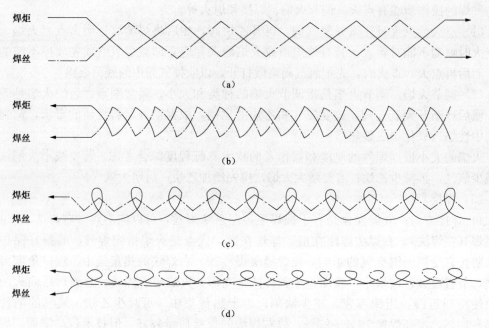

图 5-26　焊接运条方法
（a）右焊法直线往复形；（b）左焊法直线往复形；
（c）左焊法圆圈形与往复直线形；（d）左焊法双圆圈形

二、气割

气割是根据高温的金属能在纯氧中燃烧的原理进行的，与气焊有着本质不同的过程，即气焊是熔化金属，而气割是金属在纯氧中的燃烧。

气割时，先用火焰将金属预热到燃点，再用高压氧气流使金属燃烧，并将燃烧所生成的氧化物熔渣吹走，形成切口，如图 5-27 所示。金属燃烧时放出大量的热，又预热待切割的部分，所以切割的过程实际上就是重复进行下面的过程：预热—燃烧—去渣。

根据气割原理，被切割的金属应具备下列条件：

（1）金属的燃点应低于其熔点，否则在切割前金属已熔化，不能形成整齐的切口而使切口凹凸不平。钢的熔点随含碳量的增加而降低，当含碳量等于 0.7％时，钢的熔点接近于燃点，故高碳钢和铸铁难以进行气割。

（2）燃烧生成的金属氧化物的熔点应低于金属本身的熔点，且流动性要好，以便氧化物能及时熔化并被吹掉。铝的熔点（660℃）低于其氧化物 Al_2O_3 的熔点（2050℃），铬的熔点（1550℃）低于其氧化物 Cr_2O_3 的熔点（1990℃），故铝合金和不锈钢不具备气割条件。

（3）金属燃烧时能放出足够的热量，而且金属本身的热导性低，这就是保证了下层金属有足够的预热温度，有利于切割过程不间断地进行。铜及其合金燃烧时释放出的热量较小，且热导性又好，因而不能进行气割。

综上所述，能满足上述条件的金属材料是低碳钢、中碳钢和部分低合金钢。

气割时，用割炬代替焊炬，其余设备与气焊相同。割炬的构造如图 5-28 所示。割炬与焊炬相比，增加了输送切割氧气的管道和阀门，其割嘴的结构与焊嘴也不相同。割嘴的出口有两条通道，其周围的一圈是乙炔与氧气的混合气体出口，中间的通道为切割氧气的出口，两者互不相通。常用割炬的型号有 G01-30 和 G01-100 等，其中"G"表示割炬，"0"表示手工，"1"表示射吸式，"30"和"100"分别表示切割低碳钢的最大厚度分别是 30mm 和 100mm，各种型号的割炬配有几个大小不同的割嘴，用于切割不同厚度的割件。

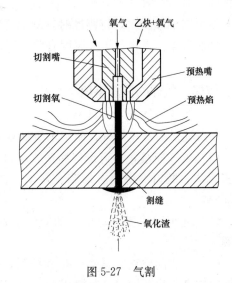

图 5-27 气割

与其他切割方法比较，气割最大的优点是灵活方便，适应性强，它可在任意位置和任意方向切割任意形状和任意厚度的工件。气割设备简单，操作方便，生产率高，切口质量好，但对金属材料的适用范围有一定的限制。由于低碳钢和低合金钢是应用最广泛的材料，所以气割应用非常普遍。

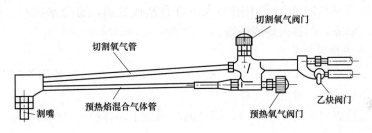

图 5-28 割炬

气割工艺如下：

(1) 根据气割工件厚度选择割嘴型号及氧气工作压力。

(2) 割嘴喷射出的火焰应形状整齐，喷射出的纯氧气流风线应是笔直而清晰的一条直线，风线粗细均匀，火焰中心没有歪斜和出叉现象，这样可使割口整齐，断面光洁。

(3) 气割必须从工件的边缘开始，如果要在工件中部气割内腔，则应在开始气割处先钻一个大于 ϕ5mm 的孔，以便气割时排出氧化物，并使氧化物能吹到工件的整个厚度上。

(4) 开始气割时需将始点预热到燃点温度以上再打开切割氧气进行切割。预热火焰的焰心前端应离工件表面 2～4mm。气割时割炬与工件间应有一定角度。

(5) 气割时割炬的倾斜角度与工件厚度有关，当气割 5～30mm 厚的钢板时，割炬应垂直于工件；当厚度小于 5mm 时，割炬可向后倾斜 5°，若厚度超过 30mm，在气割开始时割炬可向前倾斜5°，待割透时，割炬可垂直于工件，直到气割完毕。

(6) 气割速度也与工件厚度有关。工件越薄，气割的速度越快，反之则越慢。

三、气焊、气焊的注意事项

1. 使用氧气瓶的注意事项

氧气瓶装有高压氧气，使用不慎就有发生爆炸的危险，故须注意以下事项。

(1) 氧气瓶禁止与可燃气瓶放在一起，应离火源5m以外。不能让太阳暴晒，以免膨胀爆炸。瓶口不得沾有油脂、灰尘。阀门冻结千万不能用火烤，可用温水、蒸汽适当加热。

(2) 应牢固放置，防止振动倾倒引起爆炸，防止滚动，瓶体上应套上两个胶皮减振圈。

(3) 开启前检查压紧螺母是否拧紧，平稳旋转手轮，人站在出气口一侧。使用时不能把瓶内氧气全部用完（要剩0.1～0.3MPa压力）。不用时需罩好保护罩。

(4) 在搬运中尽量避免振动或互相碰撞。严禁人背氧气瓶，禁止用吊车吊运。

2. 使用乙炔发生器及乙炔瓶的注意事项

(1) 乙炔发生器及乙炔瓶不要靠近火源，应放在空气流通的地方，并不能漏气。

(2) 乙炔发生器罩上严禁放重物，装入的电石量一般不超过电石容积的一半。乙炔发生器内水温不应超过60℃。工作环境温度低于0℃时应向乙炔发生器和回火防止器内注入温水。在气温特别低时必须在水中加入少许食盐或甘油，避免水冻结。如果有冻结，须用热水或蒸汽解冻，严禁火烧或锤敲。

3. 回火或火灾的紧急处理

(1) 当焊炬或割炬发生回火后应首先关闭乙炔开关，然后再关闭氧气开关，待火焰熄灭后，把手不烫手时方可继续工作。

(2) 要经常检查回火防止器水位，降低时应添加水，并检查其连接处的密封性。

(3) 回火时会在焊炬出口处产生猛烈爆炸声，此时不要惊慌失措，应迅速关断气源，制止回火，找出原因，采取措施。回火原因有多原因，例如是否气体压力太低，流速太慢；是否焊嘴被飞溅物玷污，出口局部堵塞；是否工作过久，高温使焊嘴过热；是否操作不当，焊嘴太靠近熔池等。

(4) 当引起火灾时，首先关闭气源阀，停止供气，停止乙炔发生器生产气体，用砂袋、石棉被盖在火焰上，不可用水或灭火器去灭乙炔发生器的火，因为水和电石会发生作用，产生乙炔。

第三节 气体保护电弧焊及常见焊接缺陷和焊接变形

一、气体保护电弧焊

气体保护电弧焊是利用保护气体防止外界有害气体对焊接熔池进行侵害的特殊焊接

方法，它主要分为氩（Ar）弧焊和CO_2气体保护焊。它不同于包有药皮的焊条，它适于一些化学性质活泼的金属焊缝的焊接作业。

1. 氩弧焊

氩弧焊即氩气保护焊。就是在电弧焊的周围通上氩弧保护性气体，将空气隔离在焊区之外，防止焊区的金属氧化，氩弧焊按照电极的不同分为熔化极氩弧焊和非熔化极氩弧焊两种。

非熔化极氩弧焊是电弧在非熔化极（通常是钨极）和工件之间燃烧，在焊接电弧周围流过一种不和金属起化学反应的惰性气体（常常用氩气），形成一个保护气罩，使钨极端头、电弧和熔池及已处于高温的金属不与空气接触，能防止氧化和吸收有害气体。从而形成致密的焊接接头，其力学性能非常好，如图5-29（a）所示。

熔化极氩弧焊是焊丝通过丝轮送进，导电嘴导电，在母材与焊丝之间产生电弧，使焊丝和母材熔化，并用惰性气体氩气保护电弧和熔融金属来进行焊接的。它和钨极氩弧焊的区别：一个是焊丝作电极，并被不断熔化填入熔池，冷凝后形成焊缝，如图5-29（b）所示。

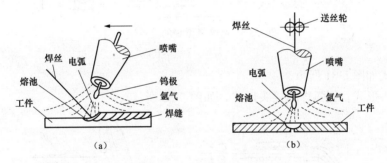

图 5-29　氩弧焊示意图
(a) 非熔化极氩弧焊；(b) 熔化极氩弧焊

（1）焊接特点。

1）保护效果好，电弧稳定性很好。

2）飞溅少，焊缝成形美观。

3）适宜于各种位置的焊接。

4）焊后不需清渣，易于实现自动化。

5）需要特殊的引弧措施，对工件清理要求高。

6）生产率低，氩气价格高，氩弧焊设备复杂，成本高。

7）氩弧焊因为热影响区域大，工件在修补后常常会造成变形、硬度降低、砂眼、局部退火、开裂、针孔、磨损、划伤、咬边及内应力损伤等缺点。

8）氩弧焊与焊条电弧焊相比，对人身的伤害程度要高一些，需加强防护。

（2）施焊范围。可焊接所有的金属和合金，但主要用于焊接不锈钢、高温合金、铝、镁、铜、钛等金属及其合金，以及难熔金属与异种金属，非熔化极氩弧焊仅适用于焊接厚度为0.1～5mm以下的薄板，因为为了减少钨极烧损，焊接电流不宜过大。

（3）保护气体。最常用的惰性气体是氩气。这是一种无色无味的气体，在空气中的含量为0.935%（按体积计算），氩是氧气厂分馏液态空气制取氧气时的副产品。

通常均采用瓶装氩气来焊接。在室温时，其充装压力为 15MPa。钢瓶涂灰色漆，并标有"氩气"字样。

（4）钨极氩弧焊设备。钨极氩弧焊的设备组成如图 5-30 所示。

1）直流正接钨极氩弧焊。钨极做阴极，电子热发射，电极不易烧损，允许通过电流大，但无法清除工件表面的氧化膜，不能焊接铝、镁等易氧化金属。

2）直流反接钨极氩弧焊。钨极做阳极，电子冷发射，钨极易烧损，允许通过电流小，可以清除工件表面的氧化膜，可焊接铝、镁等易氧化金属的薄板。

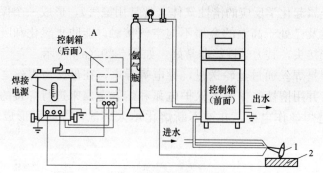

图 5-30　钨极氩弧焊的设备组成
1—焊枪；2—工件

焊枪形式如图 5-31 所示。

（5）接头形式。氩弧焊的接头形式，如图 5-32 所示。

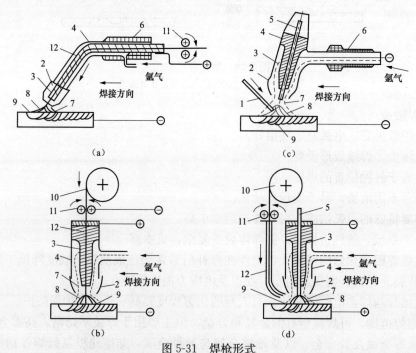

图 5-31　焊枪形式

（a）半自动焊；（b）自动焊；（c）手工焊；（d）自动焊

1—填充细棒；2—喷嘴；3—导电嘴；4—焊枪；5—钨极；6—焊枪手柄；

7—氩气流；8—焊接电弧；9—金属熔池；10—焊丝盘；11—送丝机构；12—焊丝

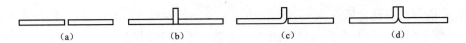

图 5-32　接头形式

(a) 对接；(b) 夹条对接；(c) 单边卷边；(d) 卷边对边

(6) 焊接操作步骤。

1) 单面焊双面成形。0.2mm 厚不锈钢不打坡口，采用单面平焊双面成形。

2) 调节电流。选择脉冲钨极氩弧焊机，将"氩弧焊/手工焊"转换开关位置于"手工焊"位置，把"直流/脉冲"开关置于"直流"正极性接法位置。

3) 调节氩气。焊前应把氩气瓶开关打开，把氩气流量计上氩气流量开关选择在 3L/min 流量位置上，引弧前 5～10s 输送气，排除器管中空气。

4) 钨极磨削形状。钨极磨削的形状一般有两种，如图 5-33 所示，薄板采用尖状；厚板、大电流采用台锥状。

5) 焊接时尽量采用短弧焊接，焊接完后熄弧，不要立即停止供气，延后 3～5s，保护焊缝，防止氧化。

2. CO_2 气体保护焊

CO_2 气体保护焊是以 CO_2 气体作保护气体，依靠焊丝与焊件之间的电弧来熔化金属的气体保护焊的方法，简称 CO_2 焊，如图 5-34 所示。

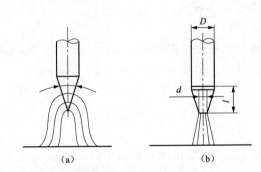

图 5-33　钨极端状形状

(a) 尖状；(b) 台锥状

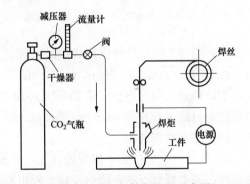

图 5-34　CO_2 气体保护焊示意图

(1) 焊接特点。

1) 生产效率高。CO_2 焊穿透力强，熔深大，而且焊丝熔化率高，所以熔敷速度快、生产效率可比手工电弧焊高 3 倍。

2) 焊接成本低。CO_2 焊的成本只有埋弧焊与手工电弧焊成本的 40％～50％。

3) 消耗能量低。CO_2 焊和手工电弧焊相比，3mm 厚钢板对接焊缝，每米焊缝的用电降低 30％，25mm 钢板对接焊缝时用电降低 60％。

4) 适用范围宽。不论何种位置都可以进行对碳钢和合金结构钢焊接，薄板可焊到 1mm，最厚几乎不受限制（采用多层焊）。而且焊接速度快、变形小。

5) 抗锈能力强。焊缝含氢量低，抗裂性能强。

6) 焊后不需清渣，引弧操作便于监视和控制，有利于实现焊接过程机械化和自动化。

7）不能焊接有色金属。

（2）保护气体。CO_2 保护气体有固态、液态、气态三种状态。

（3）CO_2 焊设备。

1）CO_2 焊组成的设备，如图 5-34 所示，由焊接电源、送丝机构、焊枪、供气系统和控制系统等组成。

2）焊枪。它分为半自动焊枪、自动焊枪；按送丝方式分为推丝焊枪、拉丝式焊枪和推拉丝式焊枪。弯管式半自动焊枪如图 5-35 所示。

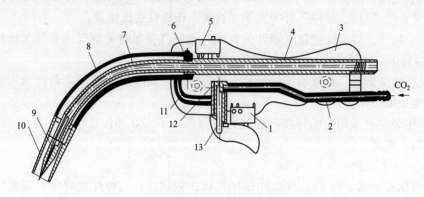

图 5-35　弯管式半自动焊枪

1，5—开关；2—进气管；3—手把；4—导电杆；6—绝缘套；

7—导电管；8—外套；9—导电嘴；10—喷嘴；11—弯管；12—气阀；13—扳手

（4）焊丝。CO_2 气体保护焊焊丝是细丝，如：$\phi 0.8mm$，$\phi 0.9mm$，$\phi 1.0mm$，$\phi 1.2mm$，$\phi 1.6mm$，$\phi 2.0mm$，$\phi 2.5mm$，$\phi 3.0mm$，焊丝直径允许偏差 $+0.01mm$，$-0.04mm$。

为防锈及提高导电性，表面要通过镀铜等防锈保护。通常，主要选用 $\phi 1.6mm$ 以下的焊丝，打底推荐使用 $\phi 0.8mm$ 的焊丝。

（5）基本操作技术。

1）焊枪开关的操作，按焊枪开关，开始送气、送丝和供电，然后引弧、焊接。焊接结束时，关上焊枪开关，随后停丝、停电和停气。

2）喷嘴与焊件间的距离，喷嘴与焊件之间的距离要适当，过大时保护不良，电弧不稳。喷嘴高度与孔的关系见表 5-4。由表 5-4 可见，喷嘴高度超过 30mm 时，焊缝中会产生气孔；喷嘴高度过小时喷嘴易黏附飞溅，也难以观察焊缝。不同焊接电流、气体流量，应保持合适的喷嘴高度，见表 5-5。

表 5-4　喷嘴高度与生成气孔的倾向

喷嘴高度/mm	气体流量/（L/min）	外部气孔	焊缝内部气孔
10	20	无	无
20		无	无
30		微量	少量
40		少量	较多
50		较多	很多

3）焊枪角度和指向位置。手工 CO_2 焊时，常用左焊法，其特点是易观察焊接方向，熔池在电弧力作用下，熔池金属被吹向前方，使电弧部能直接作用在母材上，熔深较浅，焊道平坦且变宽，飞溅较大，但保护效果好。右焊法时，熔池被电弧吹向后方，因此电弧能直接作用在母材上，熔深较大，焊道变得窄而高，飞溅略小，如图 5-36 所示。

各种焊接接头左焊法和右焊法的比较，见表 5-6。

表 5-5 喷嘴高度与焊接电流、气体流量的关系

焊丝直径/mm	焊接电流/A	气体流量/（L/min）	喷嘴高度/mm
0.8	60 70	10	8～10
1.0	70 90 100	10	8～10 10～12 10～15
1.2	100 200 300	15～20 20 20	10～15 15 20～25
1.6	300 350 400	20 20 20～25	20 20 20～25

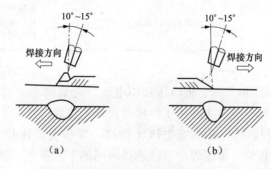

图 5-36 焊枪角度

（a）左焊法；（b）右焊法

表 5-6 各种焊接接头左焊法与右焊法的比较

接头形式	左焊法	右焊法
薄板焊接（板厚 0.8～4.5mm）	可得到稳定的背面成形； 焊缝余高小，变宽 b 大时焊枪作摆动能容易看到焊接线	易烧穿 不易得到稳定的背面成形焊缝高面窄 b 大时不易焊接
中板厚的背面成形焊接	可以得到稳定的背面成形； b 大时焊枪作摆动，根部能焊好	易烧穿 不易得到稳定的背面成形 b 大时马上烧穿
平角焊缝焊接焊脚高度 8mm 以下	因容易看到焊接线能正确地瞄准焊缝 周围易出现细小的飞溅	不易看到焊接线，但能看到余高余高易呈圆弧状 飞溅较小 根部熔深大

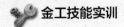
接头形式	左焊法	右焊法
船形焊焊脚尺寸达 10mm 以上 **V 形坡口对接焊**	焊缝余高呈凹形 因熔化金属向焊枪前流动，焊趾部易形成咬边 根部熔深浅（易发生未焊透） 摆动焊枪易生成咬边，焊脚高度大时难焊	余高平滑 不易发生咬边 根部熔深大 焊缝宽度、余高容易控制
水平横向焊接 I 形坡口 V 形坡口	容易看清焊接线 在 b 较大时，也能防止焊件烧穿焊缝整齐	电弧熔深大，易烧穿 焊道成形不良，窄而高 飞溅少 焊缝的熔宽及余高不易控制；易产生焊瘤
高速焊接（平焊、立焊和横焊等）	可利用焊枪角度来防止飞溅	容易产生咬边 易产生沟状连续咬边 焊缝窄而高

（6）焊接工艺参数。

1）短路过渡时，采用细焊丝、低电压和小电流。熔滴细小而过渡频率高，电弧非常稳定，飞溅小，焊缝成形美观。主要用于焊接薄板及全位置焊接。

2）细滴过渡 CO_2 焊的特点是电弧电压比较高，焊接电流比较大。此时电弧是持续的，不发生短路熄弧的现象。根据焊丝直径选择不同的工艺参数，见表 5-7。

表 5-7　　　　　　　　　　　　　　焊接工艺参数

焊丝直径/mm	0.8	1.2	1.6
电弧电压/V	18	19	20
焊接电流/A	100～110	120～135	140～180

（7）平焊焊接技术。单面焊双面成形技术，即从正面焊接，同时获得背面成形的焊道，称为单面焊双面成形，常用于焊接薄板及厚板的打底焊道。

1）悬空焊接。无垫块的单面焊双面成形焊接时，对焊工的技术要求较高，对坡口精度、装配质量和焊接参数也提出了严格要求。坡口间隙对单面焊双面成形的影响很大。

2）加垫板的焊接。加垫板的单面焊双面成形比悬空焊接容易控制，而且对焊接参数的要求也不十分严格。垫板材料通常为纯铜板。

3）对接焊缝的焊接技术。薄板对接焊一般都采用短路过渡，中厚板大都采用细滴过渡。坡口形状可采用 I 形、Y 形、单边 V 形、U 形和 X 形等。通常 CO_2 焊时的钝边较大而坡口角度较小，最小可达到 45°左右。

在坡口内焊接时，如果坡口角度较小，熔化金属容易流到前面去，而引起未焊透，所以在焊接根部焊道时，应该采用右焊法和直线式移动。当坡口角度较大时，应采用左焊法和小幅摆动焊根部焊道。

（8）焊接工艺参数。

1）合上电源的闸刀开关接通主电源，打开焊机开关接通电源，开关内的或装在面板上的指示灯发亮。

2）调节电压由两个开关组成，左边一个开关的中间位置为空挡，主变压器不导通，左右分别为小挡和大挡。

3）用电位器可调节送丝速度 1～10（2～15m/min）。

4）扣上焊枪上的扳机式开关，即可进行焊接，放松开关即停止焊接。

5）先在一块干净的板上进行试焊。

6）焊接停留在工件表面不能形成正常的电弧，可将电压开关调到较高的电压位数上；若焊接工件被焊穿了孔，焊接电流太大，则减小电压。

7）平焊一般多采用左焊法、立焊可采用下向焊。

8）焊接结束前必须收弧。若收弧不当，容易产生弧坑并出现裂纹、气孔等缺陷。

二、常见焊接缺陷和焊接变形

1. 常见焊接缺陷

在焊接生产过程中，由于材料（焊件材料、焊条、焊剂）选择不当，焊前准备工件（清理、装配、焊条烘干、工件预热等）做得不好，焊接规范不合适或操作方法不正确等原因，焊缝有时会产生缺陷。

常见的焊接缺陷及产生的原因：裂纹、未焊透、夹渣等缺陷会严重降低焊缝的承载能力，重要的工件必须通过焊后检验来发现和消除这些缺陷。

（1）未焊透。焊接时接头根部未完全焊透，如图 5-37（a）所示。由于减少了焊缝金属的有效面积，形成应力集中，易引起裂纹，导致结构破坏。未焊透产生的原因：焊速太高，焊接电流过小，坡口角度太小，装配间隙过窄。

（2）夹渣。焊后残留在焊缝中的熔渣，如图 5-37（b）所示。由于减少了焊缝金属的有效面积，导致裂纹的产生。夹渣产生的原因：焊件不洁，电流过小，焊速太高，多层焊时各层熔渣未清除干净。

（3）气孔。焊接时，熔池中的气泡在凝固时，未能逸出而残留下来形成了空穴，如图 5-37（c）所示。由于减少了焊缝有效工作面积，破坏焊缝的致密性，产生应力集中，导致结构破坏。气孔产生的原因：焊件不洁，焊条潮湿，电弧过长，焊速太高，电流过小。

（4）咬边。沿焊趾的母材部位产生的沟槽或凹陷，如图 5-37（d）所示。其危害性与未焊透的危害性相同。咬边产生的原因：电流太大，焊条角度不对，运条方法不正确，电弧过长。

（5）焊瘤。焊接过程中，熔化金属流淌到焊缝之外未熔化，在母材上所形成的金属瘤，如图 5-37（e）所示。影响成形美观，引起应力集中，焊瘤处易夹渣，不易熔合，导致裂纹的产生。焊瘤产生的原因：焊接电流太大，电弧过长，运条不当，焊速太低。

（6）裂纹。在焊接应力及其他致脆因素共同作用下，由于焊接接头中局部的金属原子结合力遭到破坏，形成的新界面而产生的缝隙，如图 5-37（f）所示。往往在使用中开裂，酿成重大事故的发生。裂纹产生的原因：焊件含 C、S、P 过高，焊缝冷却速度太高，焊接顺序不正确，焊接应力过大。

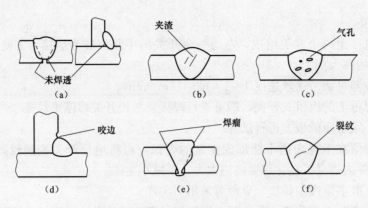

图 5-37　常见焊接缺陷及产生原因

2. 焊接变形

焊接时，工件局部受热，温度分布极不均匀，焊缝及其附近的金属被加热到很高的温度。由于受周围温度较低的金属限制，工件不能自由膨胀，在其冷却后就会发生纵向（沿焊缝长度方向）和横向（垂直焊缝方向）的收缩，从而引起工件的变形。

焊接变形的主要形式有纵向变形、横向变形、角变形、弯曲变形和翘曲变形等，如图 5-38 所示。

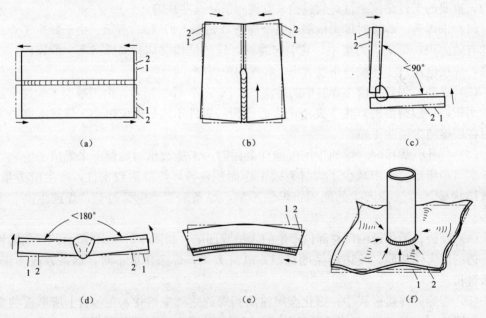

图 5-38　焊接变形的主要形式

（a）纵向变形；（b）横向变形；（c）角接的角变形；

（d）对接的角变形；（e）弯曲变形；（f）翘曲变形

1—焊接前；2—焊接后

3. 焊接检验

工件焊接完毕，为保证焊接质量，应根据焊件的技术要求进行相应的分析检验，不合格的要采取措施补救。常用的检验方法有外观检验、水压试验、致密性检验、无损探伤等。

（1）外观检验。以肉眼观察为主，必要时利用低倍放大镜。主要为了发现焊接接头的外部缺陷。

（2）水压试验。用于检验压力容器、管道、储罐等结构的穿透性缺陷，还可作为产品的强度试验，并能起降低结构焊接应力的作用。

（3）致密性检验。用于检验不受压或受压很低的容器管道焊缝的穿透性缺陷。常用方法如下：

1）气密性试验。容器内打入一定气压的气体，试验气压应远远低于容器工件压力，焊接处涂肥皂水检验渗漏。

2）氨气试验。被检容器通以氨气，在焊缝处贴试纸，若有泄漏，试纸呈黑色斑纹。

3）煤油试验。用于不受压焊缝，焊缝的一面涂煤油，若有渗漏，涂有白粉的另一面呈黑色斑痕。

（4）无损探伤。无损探伤的方法很多，工业生产中广泛应用的如下：磁粉探伤、渗透探伤、射线探伤和超声波探伤，前两者主要用于检测表面缺陷，后两者主要用于检测内部缺陷。

技能实训一　手工电弧焊平对接焊

一、实习教学要求

掌握手工电弧焊的操作。

二、实习所需工具、量具及刃具

交流弧焊机，防护面罩，焊条，钢丝刷等。

三、工件图样

工件图样如图 5-39 所示。

四、任务实施

（1）加工出坡口。

（2）点固。

（3）打底焊。

（4）分层焊及清理。

五、评分标准

评分标准见表 5-8。

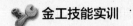

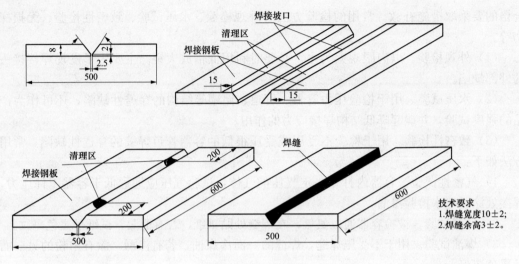

图 5-39 工件图样

表 5-8   手工电弧焊平对接焊评分标准

序号	项目与技术要求	配分	评分标准	实测记录	得分
1	平焊姿势正确	10	不符合要求酌情扣分		
2	电焊机及焊条选择正确	10	不符合要求酌情扣分		
3	选择电焊机极性和电流正确	10	不符合要求酌情扣分		
4	正确运用焊道的引弧、起头、运条、连接和收尾的方法	10	不符合要求酌情扣分		
5	焊道的起头和连接处基本平滑、无局部过高现象，收尾处无弧坑	10	不符合要求酌情扣分		
6	每条焊道焊波均匀，无明显咬边	10	不符合要求酌情扣分		
7	焊后的焊件上没有引弧痕迹	10	不符合要求酌情扣分		
8	焊缝宽度达到要求±2	5	超差不得分		
9	焊缝余高达到要求±1~2	5	超差不得分		
10	焊缝基本平直±2	10	不符合要求酌情扣分		
11	焊缝表面清渣干净	10	不符合要求酌情扣分		

技能实训二 气焊低碳钢板的平接

一、实习教学要求

掌握气焊的操作。

二、实习所需工具、量具及刃具

焊炬，氧气，乙炔，焊丝，墨镜等。

三、工件图样

工件图样如图 5-40 所示。

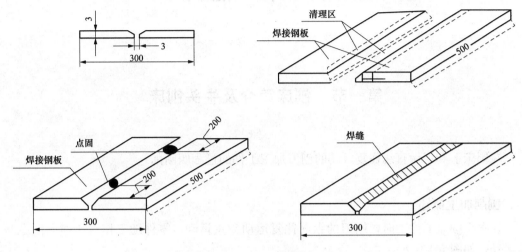

图 5-40　工件图样

四、任务实施

（1）清理表面铁锈及油污。

（2）点固。

（3）焊接。

（4）清理。

五、评分标准

气焊低碳钢板平接的评分标准见表 5-9。

表 5-9　　　　　　　　　　气焊低碳钢板平接的评分标准

序号	项目与技术要求	配分	评分标准	实测记录	得分
1	准备充分，选调正确	20	不符合要求酌情扣分		
2	调节火焰正确	10	不符合要求酌情扣分		
3	焊缝均匀饱满	40	不符合要求酌情扣分		
4	焊缝直	10	不符合要求酌情扣分		
5	焊缝尾部成形良好	10	不符合要求酌情扣分		
6	焊缝表面清渣干净	10	不符合要求酌情扣分		

第六章

刨工基础知识和技能训练

第一节 刨床简介及牛头刨床

在刨床上利用做直线往复运动的刨刀加工工件的过程叫刨削。

一、刨削加工概述

在牛头刨床上加工时,刨刀的纵向往复运动为主运动,零件随工作台作横向间歇进给运动,如图 6-1 所示。

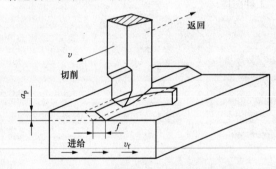

图 6-1 牛头刨床的刨削运动和切削用量

1. 刨削加工的特点

(1)生产率一般较低。刨削是不连续的切削过程,刀具切入、切出时切削力有突变,将引起冲击和振动,限制了刨削速度的提高。此外,单刃刨刀实际参加切削的长度有限,一个表面往往要经过多次行程才能加工出来,刨刀返回行程时不进行工作。由于以上原因,刨削生产率一般低于铣削,但对于狭长表面(如导轨面)的加工,以及在龙门刨床上进行多刀、多件加工,其生产率可能高于铣削。

(2)刨削加工通用性好,适应性强。刨床结构较车床、铣床简单,调整和操作方便;刨刀形状简单,和车刀相似,制造、刃磨和安装都较方便;刨削时一般不需加切削液。

2. 刨削运动和刨削用量

在牛头刨床上进行刨削时,刨刀随滑枕的直线往复运动为主运动,工件随工作台的间歇移动为进给运动。

(1)刨削速度。刨刀刨削时往复运动的平均速度,其值可按下式计算

$$v_c = \frac{2Ln}{1000}$$

式中 L——刨刀的行程长度,mm;

n——滑枕每分钟往复次数,次/min。

(2)进给量。刨刀每往返一次,工件横向移动的垂直距离。对于 B6065 牛头刨床的进给量可按下式计算

$$f = \frac{K}{3}$$

式中　K——刨刀每往复一次，棘轮被拨过的齿数。

（3）背吃刀量。背吃刀量也叫刨削深度 a_p。待加工表面和已加工表面之间的垂直距离（mm）。

3. 加工范围

刨削加工的尺寸精度一般为 IT9～IT8，表面粗糙度 Ra 为 $6.3～1.6\mu m$，用宽刀精刨时，Ra 可达 $1.6\mu m$。此外，刨削加工还可保证一定的相互位置精度，如面对面的平行度和垂直度等。刨削在单件、小批量生产和修配工作中得到广泛应用。刨削主要用于加工各种平面（水平面、垂直面和斜面）、各种沟槽（直槽、T 形槽、燕尾槽）和成形面等，如图 6-2 所示。在实际生产中，一般用于毛坯加工、单件小批量生产、修配等。

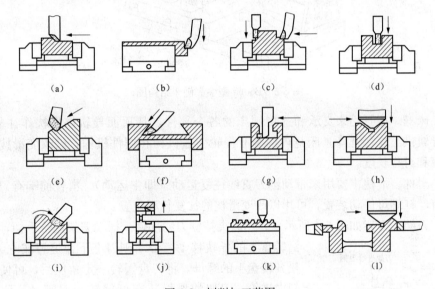

图 6-2 刨削加工范围

（a）刨平面；（b）刨垂直面；（c）刨台阶面；（d）刨直角沟槽；（e）刨斜面；（f）刨燕尾槽；（g）刨 T 形槽；（h）刨 V 形槽；（i）刨曲面；（j）刨孔内键槽；（k）刨齿条；（l）刨复合表面

二、牛头刨床

刨床可分为牛头刨床和龙门刨床两大类。牛头刨床主要加工较小的零件表面，龙门刨床主要加工较大的箱体、支架、床身等零件表面，下面以牛头刨床为例进行讲解。

1. 牛头刨床的型号

按照 GB/T 15375—1994《金属切削机床型号编制方法》的规定，B6065 型牛头刨床表示的意义如下：

B——分类代号：刨床类机床；

60——组、系代号：牛头刨床；

65——主参数：最大刨削长度的 1/10，即最大刨削长度为 650mm。

2. 牛头刨床的主要结构

牛头刨床主要由床身、滑枕、刀架、工作台、横梁等部分组成，如图 6-3 所示。

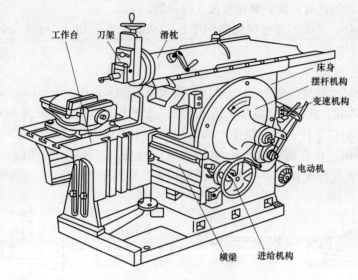

图 6-3 B6065 型牛头刨床结构图

（1）床身。床身用来支承和连接刨床的各个部件，其顶面导轨供滑枕作往复运动，其侧面导轨供工作台升降。床身内部装有齿轮变速机构和摆件机构，以改变滑枕的往复运动速度和行程长度。

（2）滑枕。滑枕主要用来带动刨刀直线往复运动（即主运动）。滑枕前端有刀架，其内部装有丝杠螺母传动装置，可用以改变滑枕的往复行程位置。

（3）刀架。刀架如图 6-4 所示，是用以夹持刨刀的部件。摇动刀架进给手柄，滑板可沿转盘上的导轨移动，带动刨刀上下作退刀或吃刀运动。松开转盘上的螺母，将转盘扳转一定角度后，可使刀架作斜向进给。刀架的滑板装有可偏转的刀座（又称刀盒），刀架的抬刀板可以绕刀座的 A 轴向上转动。刨刀安装在刀夹上，在回程时，刨刀可绕 A 轴自由上抬，减少了刀具与工件摩擦。

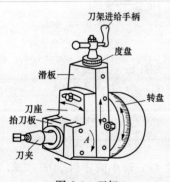

图 6-4 刀架

（4）工作台。工作台是用来安装工件，其台面上的 T 形槽可穿入螺栓来装夹工件或夹具，工作台可随横梁在床身的垂直导轨上作上下调整，同时也可在横梁的水平导轨上作水平方向移动或间歇的进给运动。

3. 牛头刨床的传动

B6065 型牛头刨床传动系统主要包括摆杆机构和棘轮机构。

（1）摆杆机构。其作用是将电动机传来的旋转运动变为滑枕的往复直线运动，结构如图 6-5 所示。摆杆 7 上端与滑枕内的螺母 2 相连，下端与支架 5 相连。摆杆齿轮 3 上的偏心滑块 6 与摆杆 7 上的导槽相连。当摆件齿轮 3 由小齿轮 4 带动旋转时，偏心滑块就在摆杆 7 的导槽内上下滑动，从而带动摆杆 7 绕支架 5 中心左右摆动，于是滑枕便作往复直线运动。摆杆齿轮传动一周，滑枕带动刨刀往复运动一次。

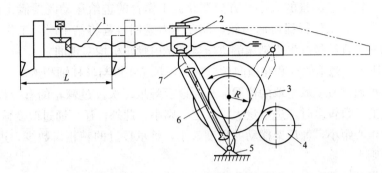

图 6-5　摆杆机构

1—丝杠；2—螺母；3—摆杆齿轮；4—小齿轮；5—支架；6—偏心滑块；7—摆杆

（2）棘轮机构。其作用是使工作台在滑枕完成回程与刨刀再次切入零件之前的瞬间，作间歇横向进给，横向进给机构如图 6-6（a）所示，棘轮机构的结构如图 6-6（b）所示。

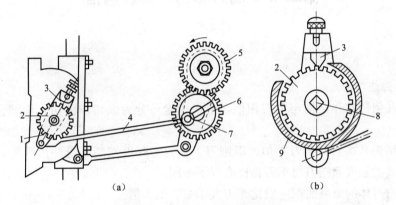

图 6-6　牛头刨床横向进给机构

（a）横向进给机构；（b）棘轮机构

1—棘爪架；2—棘轮；3—棘爪；4—连杆；5，6—齿轮；7—偏心销；8—横向丝杆；9—棘轮罩

齿轮 5 与摆件齿轮为一体，摆杆齿轮逆时针旋转时，齿轮 5 带动齿轮 6 转动，使连杆 4 带动棘爪 3 逆时针摆动。棘爪 3 逆时针摆动时，其上的垂直面拨动棘轮 2 转过若干齿，使丝杠 8 转过相应的角度，从而实现工作台的横向进给。而当棘轮顺时针摆动时，由于棘爪后面一斜面，只能从棘轮齿顶滑过，不能拨动棘轮，所以工作台静止不动，这样就实现了工作台的横向间歇进给。

4. 牛头刨床的调整

（1）滑枕行程长度、起始位置、速度的调整。刨削行程的长度一般应比零件刨削表面长出 30～40mm。滑枕的行程长度调整方法是通过改变摆杆上的偏心齿轮滑块的偏心距离，其偏心距离大，摆杆摆动的角度就越大，滑枕的行程长度也就越长；反之，则越短。

松开滑枕的锁紧手柄，转动丝杠，即可改变滑枕行程的起始点，使滑枕移到所需要的位置。

调整滑枕速度时，必须在停车之后进行，否则将打坏齿轮。可以通过变速机构来改变变速齿轮的位置，使牛头刨床获得不同的转速。

（2）工作台横向进给量的大小、方向调整。工作台的进给运动既要满足间歇运动的要求，又要与滑枕的工作行程协调一致，即在刨刀返回行程将结束时，工作台连同零件一起横向移动一个进给量。牛头刨床的进给运动是由棘轮机构实现的。

如图 6-6 所示，棘爪架空套在横向丝杠轴上，棘轮用键与丝杠轴相连。工作台横向进给量的大小，可通过改变棘轮罩的位置，从而改变棘爪每次拨过棘轮的有效齿数来调整。棘爪拨过棘轮的齿数较多时，进给量大，反之，则小。此外，还可通过改变偏心销 7 的偏心距来调整，偏心距小，棘爪架摆动的角度就小，棘爪拨过的棘轮齿数少，进给量就小；反之，进给量则大。

若将棘爪提起转动 180°，可使工作台反向进给。当棘爪提起后转动 90°时，棘轮便与棘爪脱离接触，此时可手动进给。

第二节　刨刀和刨平面及沟槽

一、刨刀

1. 刨刀的结构特点

刨刀的几何形状和结构与车刀相似，根据用途可分为纵切、横切、切槽、切断和成形刨刀等。

刨刀的结构基本上与车刀类似，但刨刀工作时为断续切削，受冲击载荷，这就要求刨刀具有较高的强度。刨刀与车刀相比有以下不同：

（1）刨刀刀体的横截面积一般比车刀大 1.25～1.5 倍。

（2）刨刀的前角 γ 比车刀稍小，刃倾角 λ_s 一般取较大的负值（$-10°～-20°$），以提高切削刃抗冲击载荷的性能。

（3）刨刀的刀杆（或刀体）常作成弯形的，如图 6-7 所示。因为当刀杆（或刀体）受力产生弹性弯曲变形后可绕 O 点转动而使刀刃抬起，避免损坏刀具或啃入工件。尤其加工较硬材料如铸铁时，通常作为弓形。

2. 刨刀的种类

刨削所用的工具是刨刀，常用的刨刀有平面刨刀、偏刀、角度刀及成形刀等，如图 6-8所示。刨刀的几何参数与车刀相似，但是它切入和切出工件时，冲击很大，容易发生"崩刀"或"扎刀"现象。因而刨刀刀杆断面较粗大，以增加刀杆刚性和防止折断，而且往往制成弯头的，这样弯头刨刀刀刃碰到工件上的硬点时，比较容易弯曲变形，而不会像直头刨刀那样使刀尖扎入工件，破坏工件表面和损坏刀具，如图 6-7 所示。

按用途和加工方式不同，刨刀类型及用途如图 6-8 所示。

3. 刨刀的安装

在安装加工水平面用刨刀前，首先应先松开转盘螺钉，调整转盘对准零线，以便准确地控制背吃刀量。然后，转动刀架进给手柄，使刀架下端面与转盘底侧基本相对，减

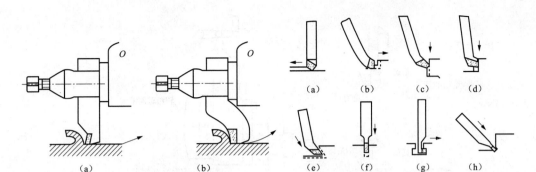

图 6-7　刨刀

(a) 直头刨刀；(b) 弯头刨刀

图 6-8　刨刀类型及用途

(a) 平面刨刀；(b) 台阶偏刀；(c) 普通偏刀；

(d) 台阶偏刀；(e) 角度刀；(f) 切刀；

(g) 弯切刀；(h) 割槽刀

少刨削中的冲击振动。最后，将刨刀插入刀夹内，其刀头伸出量不要太长，以增加刚性，防止刨刀弯曲时损伤已加工表面，拧紧刀夹螺钉固定刨刀。另外，如果需调整刀座偏转角度，可松开刀座螺钉，转动刀座，如图 6-9 所示。

二、刨平面

1. 刨水平面

(1) 准备工作。明确加工要求，检查毛坯尺寸及余量。

(2) 选择和装夹刨刀。粗刨时使用弯头平面刨刀，精刨时一般选用宽头平刨刀。安装刨刀时，刀头伸出长度（L）要适当，一般为刀杆厚度的 2 倍。刀架转盘要对准零线，如图 6-10 所示。

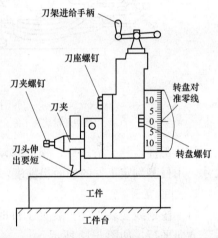

图 6-9　刨刀的安装

(3) 装夹工件。一般应按照工件形状和尺寸选择装夹方法。小件用机用虎钳装夹，如图 6-11 (a)所示，较大的工件可直接装夹在工作台上，如图 6-11 (b) 所示。初次加工按划线校正后夹紧。

(4) 调整行程长度和行程位置。行程长度＝切入量＋刨削长度＋切出量。切入量一般为 20～25mm，切出量为 10～15mm。

(5) 选择切削用量。在牛头刨床上刨平面，背吃刀量 a_p＝0.5～2mm，进给时 $f ≈$ 0.1～0.3mm/r，切削速度 $V_c ≈$ 12～30m/min。粗刨时取较大的背吃刀量和进给量，取较低的切削速度；精刨时，取较小的背吃刀量和进给量，取较高的切削速度。

(6) 对刀试切。调整变速手柄位置和横向进给量，移动工作台使工件一侧靠近刨刀，转动刀架手柄使刀尖接近工件。开动机床，手动进给试切出 1～2mm 宽后停车测量尺寸，根据测量结果调整背吃刀量，再自动进给，正式进行刨削。

(7) 精刨平面。粗刨平面后，更换精刨刀，精刨平面。

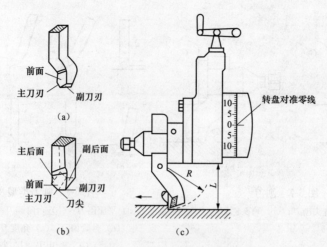

图 6-10　刨刀选择及其安装

（a）弯头刨刀；（b）直头刨刀；（c）刨刀的安装

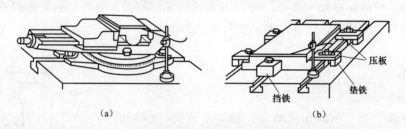

图 6-11　装夹工件

（a）用机用虎钳装夹工件，按划线找正；（b）工件直接装夹在工件台上

（8）工件检测。精刨后，横向移动工作台，使工件离开刨刀。用游标卡尺测量工件尺寸，用目测判定工件的表面粗糙度，用刀口尺检查平直度，合格后卸下工件。

2. 刨垂直面

（1）按划线安装工件。装夹工件时，要保证待加工面与工件台水平面垂直，并与主运动方向平行，如图 6-12 所示。

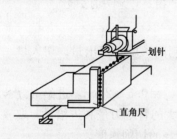

图 6-12　利用划线找正

（2）刨刀及其安装。用偏刀刨垂直面，装夹时，刨刀伸出长度应大于刨削面的高度。调整刀架转盘位置，使转盘刻线对准零线，以保证刨刀能沿着垂直方向进给，如图 6-13所示。

（3）用手转动刀架手柄，使刨刀作垂直进给，借助工作台水平移动来调整背吃刀量。调整完毕后应将工作台固紧，并将棘爪提起转 90°，以免刨削时工作台移动。

（4）用此方法刨削，效率低，加工精度也低，故主要适于刨长工件的两端面。

3. 刨斜面

刨削斜面所用刀具及机床调整方法和刨垂直面相似，但在刨斜面前，刀架转盘必须转一定角度，使走刀方向与被加工表面平行。刀架倾斜的角度应等于工件待加工斜面与刨床纵向垂直面间的夹角。如图 6-14 所示为刨削 60°斜面，刀架转盘应对准 30°刻线位。

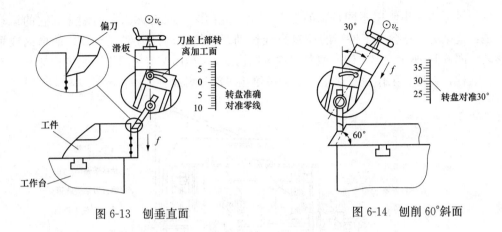

图 6-13 刨垂直面   图 6-14 刨削 60°斜面

三、刨 T 形槽

槽类零件很多，如直角槽、T 形槽、V 形槽、燕尾槽等，其作用也各不相同。T 形槽主要用于工作台表面装夹工件，直角槽、V 形槽、燕尾槽用于零件的配合表面，V 形槽还可以用于夹具的定位表面。加工槽类零件的方法常用铣削或刨削，在此仅介绍刨削 T 形槽。

刨削 T 形槽的方法如图 6-15 所示，步骤如下：

（1）用切刀刨直角槽，使其宽度等于 T 形槽槽口的宽度，深度等于 T 形槽的深度，如图 6-15（a）所示。

（2）用右弯头切刀刨削右侧凹槽，如图 6-15（b）所示。如果凹槽的高度较大时，用一刀刨出全部高度有困难，可分几次刨出，最后用垂直进给精刨槽壁。

（3）用左弯头切刀刨削左侧凹槽，如图 6-15（c）所示。

（4）用 45°刨刀倒角，如图 6-15（d）所示。

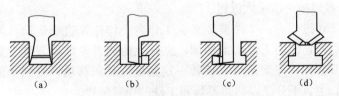

（a）   （b）   （c）   （d）

图 6-15 T 形槽的刨削步骤

（a）刨直槽；（b）刨右凹槽；（c）刨左凹槽；（d）倒角

第三节 龙门刨床和插床

在刨削类机床中，除牛头刨床外还有龙门刨床和插床等。

一、龙门刨床

龙门刨床与牛头刨床不同，它的框架因呈"龙门"形状而称为龙门刨床。它的运动特点是：运动为工作台（工件）的往复直线运动，进给运动是刀架（刀具）的横向或垂直移动。图 6-16 所示为 B2010A 型龙门刨床结构图，B2010A 型龙门刨床主要由床身、工作台、立柱、刀架、工作台减速箱、刀架进给箱等部分组成。

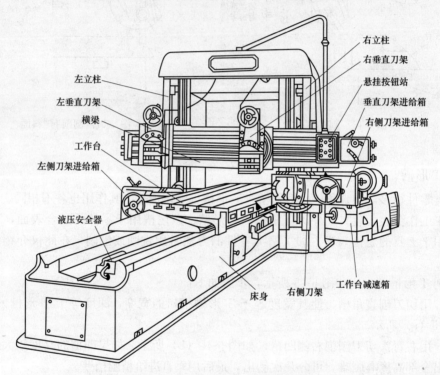

图 6-16　B2010A 型龙门刨床结构图

B2010A 的含义是：B——刨削类机床；20——龙门刨床；10——最大刨削宽度为 1000mm；A——经过第一次重大改进。

龙门刨床的工作过程为：工件被装夹在工作台上作往复直线运动；刀架带动刀具沿横梁导轨作横向移动，刨削工件的水平面；立柱上的侧刀架带动刀具沿立柱导轨垂直移动，刨削工件的垂直面；刀架还可以扳转一定角度做斜向移动，刨削斜面。另外，横梁还可以沿立柱导轨上、下升降以调整刀具和工件的相对位置。

龙门刨床主要用来加工床身、机座、箱体等零件的平面，它既可以加工较大的长而窄的平面，又可以同时加工多个中小型零件的小平面。

二、插床

插床实际上是一种立式牛头刨床，它的结构及工作原理与牛头刨床基本相同，所不同的是插床的滑枕是垂直方向上作往复直线运动。插床的工作台由下滑板、上滑板及圆形工作台三部分组成。下滑板作横向进给移动，上滑板作纵向进给移动，圆形工作台可带动工件回转。B5020 型插床外观如图 6-17 所示。

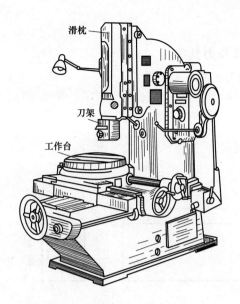

图 6-17　B5020 型插床外观

B5020 的含义是：B——刨削类机床；50——插床；20——最大插削长度为 200mm。

插床主要用于工件内表面的加工，如方孔、长方孔、多边形孔及内键槽等。插削方孔的方法，如图 6-18 所示。插削孔内键槽的方法，如图 6-19 所示。

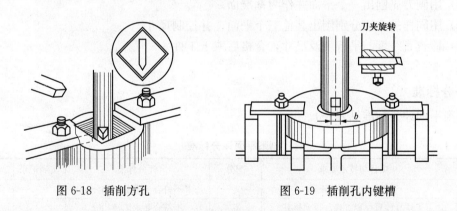

图 6-18　插削方孔　　　　　　　　图 6-19　插削孔内键槽

技能实训　刨削平面

一、实习教学要求

（1）掌握刨削工件的装夹。

（2）掌握平面刨削的方法及切削用量选择。

二、实习所需工具、量具及刃具

机用虎钳，圆棒，刨刀，游标卡尺等。

三、工件图样

工件图样如图 6-20 所示。

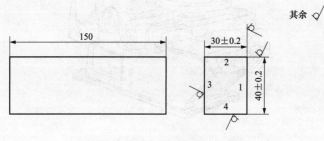

图 6-20 工件图样

四、任务实施

（1）用机用虎钳装夹工件。

（2）用刨刀先刨出一个平面并作为基准面。

（3）用同样的方法分别刨出其他三个平面，并控制尺寸。

（4）检查直线度、平行度及尺寸，合格后取下工件。

五、评分标准

刨削平面评分标准见表 6-1。

表 6-1   刨削平面评分标准

序号	项目与技术要求	配分	评分标准	实测记录	得分
1	工件放置或夹持正确	5	不符合要求酌情扣分		
2	工量具放置位置正确、排列整齐	5	不符合要求酌情扣分		
3	刨刀的装夹正确	15	不符合要求酌情扣分		
4	测量姿势正确，数据准确	15	不符合要求酌情扣分		
5	刨削平面步骤达到要求	15	不符合要求酌情扣分		
6	刨削时切削用量选择合理	15	不符合要求酌情扣分		
7	按图样达到要求	30	总体评定（每项 5 分）		
8	安全文明操作		违者每次扣 2 分		

第七章

磨工基础知识和技能训练

第一节　磨削简介和磨床及砂轮

　　用磨具以较高线速度对工件表面进行加工的方法称为磨削加工，它是对机械零件进行精加工的主要方法之一。

一、磨削简介

1. 磨削运动与磨削用量

磨削外圆时的磨削运动及磨削用量如图 7-1 所示。

（1）主运动及磨削速度 V_c。砂轮的旋转运动是主运动，砂轮外圆相对于工件的瞬时速度称为磨削速度，可用下式计算

$$V_c = \frac{\pi dn}{1000 \times 60}(\text{m/s})$$

式中　d——砂轮直径，mm；

　　　　n——砂轮每分钟转速，r/min。

（2）圆周进给运动及进给速度（V_w）。工件的旋转运动是圆周进给运动，工件外圆处相对于砂轮的瞬时速度称为圆周进给速度，可用下式计算

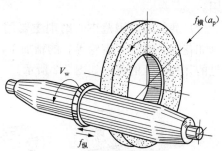

图 7-1　磨削外圆时的磨削运动及磨削用量

$$V_w = \frac{\pi d_w n_w}{1000 \times 60}(\text{m/s})$$

式中　d_w——工件磨削外圆直径，mm；

　　　　n_w——工件每分钟转速，r/min。

（3）纵向进给运动及纵向进给量（$f_{纵}$）。工作台带动工件所作的直线往复运动是纵向运动，工件每转一转时砂轮在纵向进给运动方向上相对于工件的位移称为纵向进给量，用表示 $f_{纵}$，单位为 mm/r。

（4）横向进给运动及横向进给量（$f_{横}$）。砂轮沿工件径上的移动是横向进给运动，工作台每往复行程（或单行程）一次砂轮相对工件径向上的移动距离称为横向进给量，用 $f_{横}$ 表示，其单位是 mm/行程。横向进给量实际上是砂轮每次切入工件的深度也就是背吃刀量，也可用 a_p 表示，单位为 mm（意即每次磨削切入以 mm 计算的深度）。

2. 磨削特点及应用范围

(1) 磨削特点。磨削与其他切削加工（车削、铣削、刨削）相比较，具有如下特点：

1) 加工精度高，表面粗糙度值小。磨削时，砂轮表面上有极多的磨粒参与切削，每个磨粒相当于一个刃口半径很小且锋利的刀，能切下一层很薄的金属。磨床的磨削速度很高，一般 $V_c = 30 \sim 50 \mathrm{m/s}$，磨床的背吃刀量很小，一般 $a_p = 0.01 \sim 0.005 \mathrm{mm}$。经磨削加工的工件一般尺寸公差可达 IT7～IT5 级，表面粗糙度 Ra 值为 $0.2 \sim 0.8 \mu\mathrm{m}$。

2) 可加工硬度值高的工件。由于砂轮的硬度很高，磨削不但可以加工钢和铸铁等常用金属材料，还可以加工硬度更高的工件，特别是经过热处理后的淬火钢工件。但是，磨削不适于加工硬度较低、塑性很好的有色金属材料，因为磨削这些材料时，砂轮容易被堵塞，使砂轮失去切削的能力。

3) 磨削温度高。由于磨削速度很高，其速度是一般切削加工速度的10～20倍，所以加工中会产生大量的切削热。在砂轮与工件的接触处，瞬时温度可高达1000℃，同时大量的切削热会使磨屑在空气中发生氧化作用，产生火花。高的磨削温度会烧伤工件的表面，使工件硬度下降，严重时还会产生微裂纹，使工件的表面质量降低，使用寿命缩短。因此，为了减少摩擦和改善散热条件，降低切削温度，保证工件表面质量，在磨削时必须使用大量切削液。加工钢时，使用苏打水或乳化液作为切削液；加工铸铁等脆性材料时，为防止产生裂纹一般不加切削液，而采用吸尘器除尘，同时也可起到一定的散热作用。

(2) 磨削的应用范围。磨削主要用于零件的内外圆柱面、内外圆锥面、平面及成形面（如花键、螺纹、齿轮等）的精加工，以获得较高的尺寸精度和较小的表面粗糙度值，常见的几种加工的范围如图 7-2 所示。

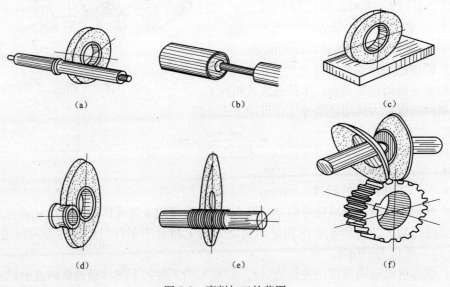

图 7-2　磨削加工的范围

二、磨床

磨床的种类比较多，有外圆磨床、内圆磨床、平面磨床、齿轮磨床、螺纹磨床、导轨磨床、无心磨床、工具磨床等，其中常用的是外圆磨床和平面磨床。

1. 外圆磨床

外圆磨床又分为普通外圆磨床和万能外圆磨床。普通外圆磨床可以磨削外圆柱面、端面及外圆锥面，万能外圆磨床还可以磨削内圆柱面、内圆锥面。

（1）磨床的型号。例如 M1432A 型万能外圆磨床，根据 GB/T 15375—1994 规定：M——磨床类机床；14——万能外圆磨床；32——最大磨削直径的 1/10 也就是最大磨削直径为 320mm；A——第一次重大改进。

（2）磨床的组成部分。外圆磨床主要由床身、工作台、头架、尾座、砂轮架、内圆磨头及砂轮等部分组成，如图 7-3 所示。

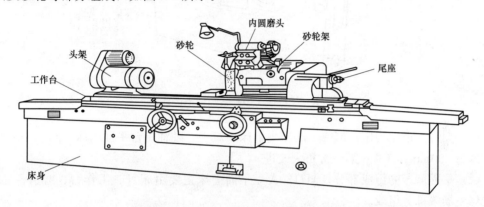

图 7-3　M1432A 型万能外圆磨床外观图

万能外圆磨床的头架内装有主轴，可用顶尖或卡盘夹持工件并带动其旋转。万能外圆磨床的头架上面装有电动机，动力经头架左侧的带传动使主轴转动，改变 V 带的连接位置，可使主轴获得 6 种不同的转速。

砂轮装在砂轮的主轴上，由单独的电动机经 V 带直接带动旋转。砂轮架可沿床身后部的横向导轨前后移动，其移动的方法有自动周期进给、快速引进或退出、手动三种，其中前两种是靠液压传动来实现的。

工作台有两层，下工作台可在床身导轨上作纵向往复运动，上工作台相对下工作台在水平面内能偏转一定的角度以便磨削圆锥面，另外，工作台上还装有头架和尾座。

万能外圆磨床与普通外圆磨床的主要区别是：万能外圆磨床的头架和砂轮架下面都装有转盘，该转盘能绕垂直轴线偏转较大的角度，另外还增加了内圆磨头等附件，因此万能外圆磨床可以磨削内圆柱面和锥度较大的内外圆锥面。

由于磨床的液压传动具有无级变速、传动平稳、操作简便、安全可靠等优点，所以在磨削过程中，如果因操作失误，使磨削力突然增大时，液压传动的压力也会突然增大，当超过安全阀限定压力时液压油会直接流回油箱，这时工作台便会自动停止运动。

2. 平面磨床

平面磨床分为立轴式和卧轴式两类：立轴式平面磨床用砂轮的端面进行磨削平面，卧轴式平面磨床用砂轮的圆周进行磨削平面，图 7-4 所示为 M7120A 型卧轴矩台平面磨床。

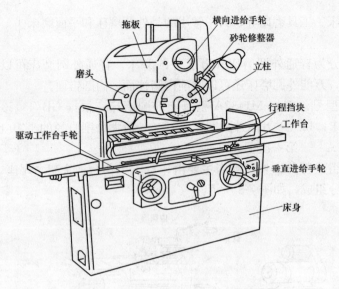

图 7-4　M7120A 型卧轴矩台平面磨床

（1）型号。根据规定：M——磨床类机床；71——卧轴矩台平面磨床；20——工作台面宽度为 200mm；A——第一次重大改进。

（2）平面磨床的组成部分。M7120A 型平面磨床主要由床身、工作台、磨头、立柱、砂轮修整器等部分组成。

M7120A 平面磨床的矩形工作台装在床身的水平纵向导轨上，由液压传动实现其往复运动，也可用手轮操纵以便进行必要的调整。另外，工作台上还装有电磁吸盘，用来装夹工件。

砂轮在磨头上，由电动机直接驱动旋转。磨头沿滑板的水平导轨可作横向进给运动，该运动可由液压驱动或由手轮操纵。拖板可沿立柱的垂直导轨移动，以调整磨头的高低位置及完成垂直进给运动，这一运动通过转动手轮来实现。

3. 万能外圆磨床的操作

M1432A 型万能外圆磨床的操纵系统如图 7-5 所示。

（1）停车。

1）手动工作台纵向往复运动。顺时针转动纵向进给手轮 3，工作台向右移动，反之工作台向左移动。手轮每转一周，工作台移动 6mm。

2）手动砂轮架横向进给移动。顺时针转动砂轮架横向进给手轮 22，砂轮架带动砂轮移向工件，反之砂轮退回远离工件。当粗细进给选择拉杆 21 推进时为粗进给，即手轮 22 每转过一周时砂轮架移动 2mm，每转过一小格时砂轮移动 0.01mm；当拉杆 21 拔出时为细进给，即手轮 22 每转过一周时砂轮架移动 0.5mm，每转过一个小格时砂轮移动 0.0025mm。同时为了补偿砂轮的磨损，可将砂轮磨损补偿旋钮 20 拔出，并顺时针转动，此时手轮 22 不动，然后将磨损补偿旋钮 20 推入，再转动手轮 22，使其零程撞块碰到砂轮架横向进给定位块 10 为止，即可得到一定量的高程进给（横向进给补偿量）。

（2）开车。

1）砂轮的转动和停止。按下砂轮电动机起动按钮 16，砂轮旋转，按下砂轮电动机停止按钮 14，砂轮停止转动。

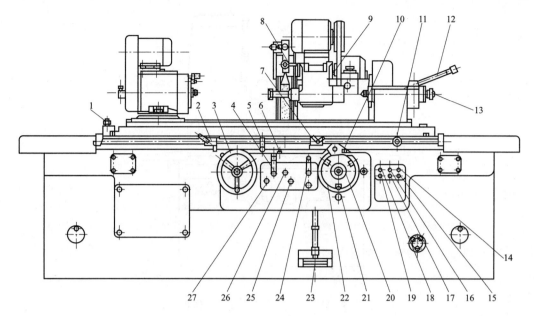

图 7-5　M1432A 型万能外圆磨床的操纵系统

1—放气阀；2—工作台换向挡块（左）；3—工作台纵向进给手轮；4—工作台液压传动开停手柄；5—工作台换向杠杆；6—头架点转按钮；7—工作台换向挡块（右）；8—冷却液开关手把；9—内圆磨具支架非工作位置定位手柄；10—砂轮架横向进给定位块；11—调整工作台角度用螺杆；12—移动尾架套筒用手柄；13—工件顶紧压力调节捏手；14—砂轮电动机停止按钮；15—冷却泵电动机开停选择旋钮；16—砂轮电动机起动按钮；17—头架电动机停、慢转、快转选择旋钮；18—电器总停按钮；19—液压泵起动按钮；20—砂轮磨损补偿旋钮；21—粗细进给选择拉杆；22—砂轮架横向进给手轮；23—脚踏板；24—砂轮架快速进退手柄；25—工作台换向停留时间调节旋钮（右）；26—工作台速度调节旋钮；27—工作台换向停留时间调节旋钮（左）

2）头架主轴的转动和停止。使头架电动机旋钮 17 处于慢转位置时，头架主轴慢转；使其处于快转位置时，头架主轴处于快转；使其处于停止位置时，头架主轴停止转动。

3）工作台的往复运动。按下液压泵起动按钮 19，液压泵起动并向液压系统供油。扳转工作台液压传动开停手柄 4 使其处于开位置时，工作台纵向移动。当工作台纵向移动终了时，挡块 2 碰撞工作台换向杠杆 5，使工作台换向向左移动。当工作台向左移动终了时，挡块 7 碰撞工作台换向杠杆 5，使工作台又换向向右移动。这样循环往复，就实现了工作台的往复运动。调整挡块 2 与 7 的位置就调整了工作台的行程长度，转动旋钮 26 可改变工作台的运行速度，转动旋钮 25 或 27 可改变工作台行程到右或左端时的停留时间。

4）砂轮架的横向快退或快进。转动砂轮快速进退手柄 24，可压紧行程开关使液压泵起动，同时也改变了换向阀阀芯的位置，使砂轮架获得横向快速移近工件或快速退离工件。

5）尾座顶尖的运动。脚踩脚踏板 23 时，接通其液压传动系统，使尾座顶尖缩进；脚松开脚踏板 23 时，断开其液压传动系统使尾座顶尖伸出。

4. M7120A 型平面磨床的操作

M7120A 型平面磨床的操作系统如图 7-6 所示。

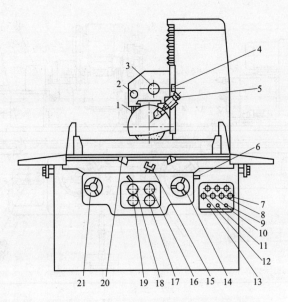

图 7-6 M7120A 型平面磨床的操作系统

1—磨头横向往复运动换向挡块；2—磨头横向进给手动换向拉杆；3—磨头横向进给手轮；4—润滑立柱导轨的手动按钮；5—砂轮修整器旋钮；6—磨头垂直微动进给杠杆；7—电器总停按钮；8—液压泵起动按钮；9—工件吸磁及退磁按钮；10—磨头停止按钮；11—磁吸盘吸力选择按钮；12—磨头起动按钮；13—整流器开关旋钮；14—磨头垂直进给手轮；15—工作台往复运动换向手柄；16—磨头进给选择手柄；17—磨头连续进给速度控制手柄；18—工作台往复进给速度控制手柄；19—磨头间歇进给速度控制手柄；20—工作台换向挡块；21—工作台移动手轮

（1）停车。

1）手动工作台往复移动。顺时针转动工作台移动手轮 21，工作台右移，反之工作台左移。手轮每转一周，工作台移动 6mm。

2）手动砂轮架（磨头）横向进给移动。顺时针转动磨头横向进给手轮 3，磨头移向操作者，反之远离操作者。

3）砂轮架（磨头）的垂直升降。顺时针转动磨头垂直进给手轮 14，砂轮移向工作台，反之砂轮向上移动。手轮 14 每转一小格时，垂直移动量为 0.005mm，每转过一周，垂直移动量为 1mm。

（2）开车。

1）砂轮的转动与停止。按下磨头起按钮 12，砂轮旋转。按下磨头停止按钮 10，砂轮停止转动。

2）工作台的往复运动。按下液压泵起按钮 8，液压泵工作。顺时针转动工作台往复进给速度控制手柄 18，工作台往复运动。调整换向挡块 20（两个）间的位置，可调整往复行程长度。挡块 20 碰撞工作台往复运动换向手柄 15 时，工作台可换向。逆时针转动手柄 18，工作台由快动停止移动。

3）磨头的横向进给移动。该移动有"连续"和"间歇"两种情况：当手柄 16 在"连续"位置时，转动手柄 17 可调整连续进给的速度；当手柄 16 在"间歇"位置时，转动手柄 19 可调整间歇进给的速度。

三、砂轮

砂轮是磨削的切削工具，它是由许多细小而坚硬的磨粒用结合剂粘结而成的多孔体，如图 7-7 所示。

1. 砂轮的特性

砂轮的特性对工件的加工精度、表面粗糙度和生产率影响很大，砂轮的特性包括磨料、粒度、结合剂、硬度、组织、形状和尺寸等方面。

（1）磨料。磨料是砂轮的主要原料，直接担负着切削工作。磨削时，磨削在高温工件条件下要经受剧烈的摩擦和挤压，所以磨料应具有很高的硬度、耐热性及一定的韧性。常用的磨料有两类：

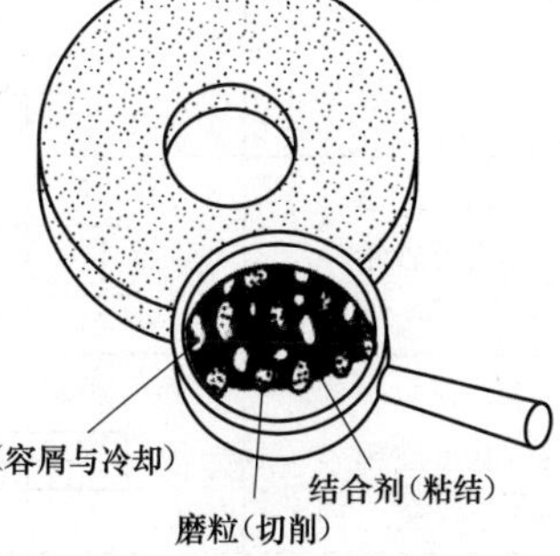

图 7-7　砂轮的构造

（图注：气孔（容屑与冷却）　结合剂（粘结）　磨粒（切削））

1）刚玉类。主要成分是 Al_2O_3，其韧性好，适用于磨削钢等塑性材料。其代号有：A——棕刚玉；WA——白刚玉等。

2）碳化物类。硬度比刚玉类高，磨粒锋利，导热性好，适用于磨削铸铁及硬质合金刀具等脆性材料。其代号有：C——黑碳化硅；GC——绿碳化硅等。

（2）粒度。粒度是指磨料颗粒的大小。粒度号以其所通过的筛网上每 25.4mm 长度内的孔眼数表示，例如 70 号粒度的磨粒是用每 25.4mm 长度内有 70 个孔眼的筛网筛出的。粒度号数字越大，颗粒越小。当磨粒颗粒小于 $63\mu m$ 时称为微粉（W），其粒度号则以颗粒的实际尺寸表示。

粗磨时，选择较粗的磨粒（30～60 号），可以提高生产率；精磨时，选择较细的磨粒（60～120 号），可以减小表面粗糙度值。

（3）结合剂。砂轮中，将磨粒粘结成具有一定强度和形状的物质称为结合剂。砂轮的强度、抗冲击性、耐热性及耐蚀性，主要取决于结合剂的性能。

常用的结合剂有陶瓷结合剂（代号用 V 表示）、树脂结合剂（B）和橡胶结合剂（R）。

（4）硬度。砂轮的硬度和磨料的硬度是两个不同的概念。砂轮的硬度是指砂轮表面的磨粒在外力作用下脱落的难易程度。即容易脱落称为软，反之称为硬。GB/T 2484—1994《磨具代号》将砂轮硬度用拉丁字母表示；G、H、J、K、L、N、P、Q、S、T、…其硬度按顺序递增。

磨削硬材料时，砂轮的硬度应低些，反之应高些。在成形磨削和精密磨削时，砂轮的硬度应更高一些，一般磨削选用砂轮的硬度应在 K～R。

（5）组织。砂轮的组织的指砂轮中磨料、结合剂、气孔三者体积的比例关系。砂轮的组织号数是以磨料所占百分比来确定的，即磨料所占的体积越大，砂轮的组织越紧密。砂轮组织号由于 0、1、2、…、14 共 15 个号组成，号数越小，组织越紧密。

组织号在 4～7 号的砂轮应用最广，可用于磨削淬火工件及切削工具。0～3 号用于成形磨削，而 8～14 号用于磨削韧性大而硬度低的材料。

（6）形状与尺寸。根据机床类型和磨削加工的需要，砂轮可制成各种标准形状和尺寸，其常用的几种砂轮的形状、代号及用途，见表 7-1。

表 7-1　　　　　　　　　　常用砂轮形状、代号及用途

砂轮名称	简图	代号	用途
平形砂轮		P	磨削外圆、内圆、平面，可用于无心磨
双斜边砂轮		PSX	磨削齿轮的齿形和螺纹的牙形
筒形砂轮		N	立轴端面平磨
杯形砂轮		B	磨削平面、内圆及刃磨刀具
碗形砂轮		BW	刃磨刀具，并用于导轨磨
碟形砂轮		D	磨削铣刀、铰刀、拉刀及齿轮的齿形
薄片砂轮		PB	切断和开槽

砂轮的特性一般用代号和数字标注在砂轮上，有的砂轮还标出安全速度。砂轮特性标志及含义举例如下：

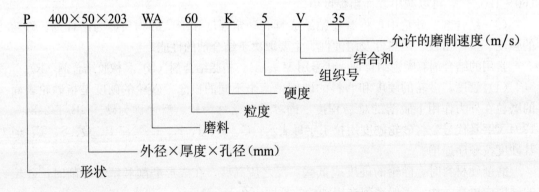

P　400×50×203　WA　60　K　5　V　35

允许的磨削速度（m/s）
结合剂
组织号
硬度
粒度
磨料
外径×厚度×孔径（mm）
形状

2. 砂轮的检查、安装、平衡和修整

因砂轮在高速运转情况下工作，所以安装前要通过外观检查和敲击的响声来检查砂轮是否有裂纹，以防止高速旋转时砂轮破裂。安装砂轮时，应将砂轮松紧合适地套在砂轮主轴上，并在砂轮和法兰之间垫以 1～2mm 厚的弹性垫圈（皮革或耐油橡胶制成），如图 7-8 所示。

为使砂轮平稳地工作，一般直径大于 125mm 的砂轮都要进行平衡。平衡时将砂轮装在心轴上，再放在平衡架导轨上。如果不平衡，较重的部分总是转在下面，这时可移动法兰端面环形槽内的平衡块进行平衡，直到砂轮可以在导轨上的任意位置都能静止。如

果砂轮在导轨上的任意位置都能静止，则表明砂轮各部分质量均匀，平衡良好。这种方法称为静平衡，如图7-9所示。

砂轮工作一定时间后，其磨粒逐渐变钝，砂轮表面空隙堵塞，砂轮几何形状磨损严重。这时，需要对砂轮进行修整，使已磨钝的磨粒脱落，恢复砂轮的切削能力和外形精度。砂轮常用金刚石笔进行修整，如图7-10所示。修整时要用大量的切削液，以避免金刚石笔因温度剧升而破裂。

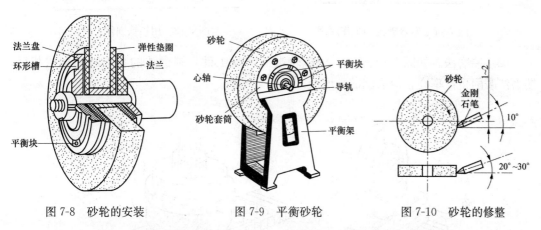

图7-8 砂轮的安装　　　　图7-9 平衡砂轮　　　　图7-10 砂轮的修整

第二节　磨平面、磨外圆、磨内圆及磨圆锥面

一、磨平面

1. 工件的装夹方法

在平面磨床上，采用电磁吸盘工作台吸住工件。电磁盘工作台的工作原理，如图7-11所示。当线圈中通过直流电时，铁心被磁化。磁力线由铁心经过盖板→工件→盖板→吸盘体而闭合，工件被吸住。电磁吸盘工作台的绝磁层由铅、铜和巴氏合金等非磁性材料制成，它的作用是使绝大部分磁力线都通过工件再回到吸盘体，以保证工件被牢固地吸在工作台上。

当磨削键、垫圈、薄壁套等小尺寸零件时，由于工件与工作台接触面积小，吸力弱，容易被磨削力弹出造成事故，所以装夹这类工件时，需在工件四周或左右两端用挡块围住，以防工件移动，如图7-12所示。

2. 磨平面的方法

磨削平面时，一般是以一个平面为定位基准，磨削另一个平面。如果两个平面都要求磨削并要求平行时，可互为基准反复磨削。

常用磨削平面的方法有两种：

（1）周磨法。如图7-13所示，用砂轮圆周面磨削工件。用周磨法磨削平面时，一方面，由于砂轮与工件的接触面积小，排屑和冷却条件好，工件发热变形小，而且砂轮圆周表面磨削均匀，所以能获得较高的加工质量。但另一方面，该磨削方法的生产率较低，仅适用于精磨。

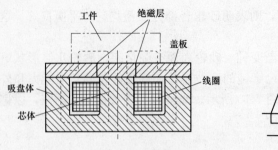

图 7-11 电磁吸盘的工作原理

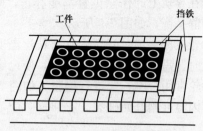

图 7-12 用挡铁围住工件

（2）端磨法。如图 7-14 所示，用砂轮端面磨削工件。端磨法的特点与周磨法相反，端磨法磨削生产率高，但磨削的精度低，适用于粗磨。

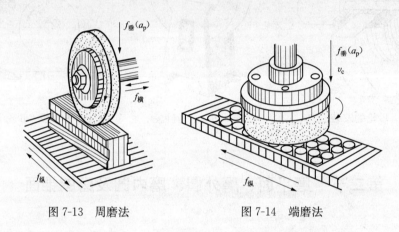

图 7-13 周磨法

图 7-14 端磨法

3. 切削液

切削液的主要作用是：降低磨削区的温度，起冷却作用；减少砂轮与工件之间的摩擦，起润滑作用；冲走脱落的砂粒和磨屑，防止砂轮堵塞。切削液的使用对磨削质量有重要影响。

常用的切削液有两种。

（1）苏打水。苏打水由 1% 的无水碳酸钠、0.25% 的亚硝酸钠及水组成，具有良好的冷却性能、防腐性能、洗涤性能，而且对人体无害，成本低，是应用最广的一种切削液。

（2）乳化液。乳化液为油酸含量 0.5%、硫化蓖麻油含量 1.5%、锭子油含量 8% 以及含 1% 碳酸钠的水溶，它具有良好的冷却性能、润滑性能及防腐性能。

苏打水的冷却性能高于乳化液，并且配制方便、成本低，常用于高速强力粗磨。乳化液不但具有冷却性能，而且具有良好的润滑性能，常用于精磨。

二、磨外圆

1. 工件的装夹

在外圆磨床上磨削外圆表面常用的装夹方法有三种。

（1）顶尖装夹。轴类零件常用双顶尖装夹，该装夹方法与车削中所用的方法基本相同。由于磨头所用的顶尖都是不随工件转动的，所以这样装夹可以提高定位精度，避免了由于顶尖转动而带来的误差。后顶尖是靠弹簧推力顶紧工件的，其作用是自动控制工件装夹的松紧程度。顶尖装夹工件的方法如图 7-15 所示。

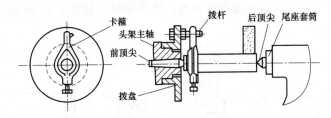

图 7-15　顶尖装夹工件

磨削前，要修研工件的中心孔，以提高定位精度。修研中心孔一般是用四棱硬质合金顶尖［见图 7-16（a）］在车床上修研，研亮即可。当定位精度要求较高时，可选用油石顶尖或铸铁顶尖进行修研，如图 7-16（b）所示。

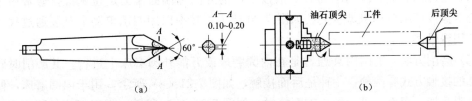

图 7-16　修研中心孔
（a）四棱硬质合金顶尖；（b）用油石顶尖修研中心孔

（2）卡盘装夹。磨削短工件的外圆时用三爪自定心或四爪单动卡盘装夹，装夹方法与在车床上装夹的方法基本相同。如果用四爪单动卡盘装夹工件，则必须用百分表找正。

（3）心轴装夹。盘套类空心工件常以内圆柱孔定位进行磨削，其装夹方法与在车床上相同，但磨削用的心轴精度则要求更高些。

2. 磨削方法

在外圆磨床上磨削外圆的常用方法有纵磨法和横磨法。

（1）纵磨法。磨削外圆时，工件转动并随着工作台作纵向往复移动，而用每次纵向行程终了时（或双行程终了），砂轮作一次横向进给（背吃刀量）。当工件磨到接近最后尺寸时，可作几次无横向进给的光磨行程，直到火花消失为止，如图 7-17 所示。

纵磨法的磨削精度高，表面粗糙度 Ra 值小，适应性好，因此该方法被广泛用于单批小批和大批大量生产中。

（2）横磨法。磨削外圆时，工件不作纵向进给运动，砂轮缓慢地、连续或断续地向工件作横向进给运动，直至磨去全部余量为止，如图 7-18 所示。

一方面，横磨法的径向力大，工件易产生弯曲变形，又由于砂轮与工件的接触面积大，产生的热量多，工件也容易产生

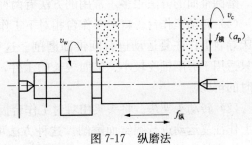

图 7-17　纵磨法

烧伤现象。另一方面，由于横磨法生产率高，因此该方法只适用于大批大量生产中精度要求低、刚性好的零件外圆表面的磨削。

　　对于阶梯轴类零件，外圆表面磨到尺寸后，还要磨削轴肩端面。这时只要用手摇动纵向移动手柄，使工件的轴肩端面靠向砂轮，磨平即可，如图 7-19 所示。

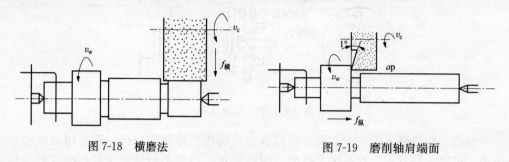

图 7-18　横磨法　　　　　　　　　图 7-19　磨削轴肩端面

3. 磨内圆

　　（1）工件的装夹。磨内圆时，一般以工件的外圆和端面作为定位基准，通常用三爪自定心卡盘或四爪单动卡盘装夹，如图 7-20 所示，其中以用四爪单动卡盘装通过找正装夹工件用得最多。

　　（2）磨削方法。磨削内圆通常是在内圆磨床或万能外圆磨床上进行。其磨削时砂轮与工件的接触方式有两种：一种是后面接触，如图 7-21（a）所示，用于内圆磨床，便于操作者观察加工表面；另一种是前面接触，如图 7-21（b）所示，用于万能外圆磨床，便于自动进纵给。

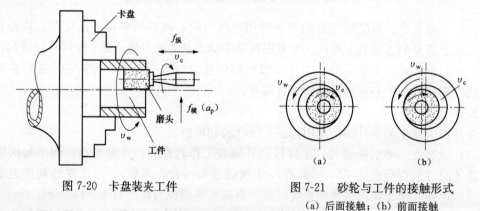

图 7-20　卡盘装夹工件　　　　　　图 7-21　砂轮与工件的接触形式
　　　　　　　　　　　　　　　　　　（a）后面接触；（b）前面接触

4. 磨圆锥面

磨圆锥面的方法很多，常用的方法有两种。

　　（1）转动工作台。将上工作台相对下工作台扳转一个工件圆锥半角 $\alpha/2$，下工作台在机床导轨上作往复运动进行圆锥面磨削。这种方法既可以磨外圆锥，又可以磨内圆锥，但只适用于磨削锥度较小、锥面较长的工件，图 7-22 所示为用转动工作台法磨削外圆锥面时的情况。

　　（2）转动头架法。将头架相对对工作台扳转一个工件圆锥半角 $\alpha/2$，工作台在机床导轨上作往复运动进行圆锥面磨削。这种方法可以磨内外圆锥面，但只适用于磨削锥度较大、锥面较短的工件，图 7-23 所示为用转动头架法磨内圆锥面的情况。

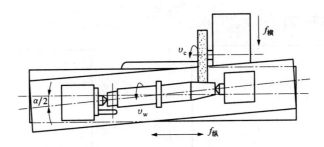

图 7-22 转动工作台磨削外圆锥面

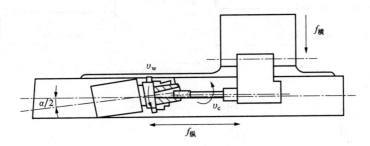

图 7-23 转动头架法磨内圆锥面

技能实训 磨削平面

一、实习教学要求

（1）掌握磨削工件的装夹。

（2）掌握平面磨削的方法及切削用量选择。

二、实习所需工具、量具及刃具

机用虎钳，45 钢，游标卡尺等。

三、工件图样

工件图样如图 7-24 所示。

四、任务实施

（1）用锉刀、磨石等除去工件基准面上的毛刺等。

（2）用电磁吸盘定位工件。

（3）磨削一平面为基准面。

（4）磨削另一平面到图样要求。

（5）检查直线度、平行度及尺寸，合格后取下工件。

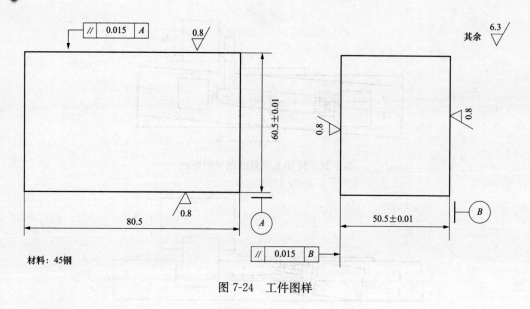

材料: 45钢

图 7-24　工件图样

五、评分标准

磨削平面评分标准见表 7-2。

表 7-2　　　　　　　　　　　　磨削平面评分标准

序号	项目与技术要求	配分	评分标准	实测记录	得分
1	工件放置或夹持正确	15	不符合要求酌情扣分		
2	用滑板体砂轮修整器修整砂轮操作正确	15	不符合要求酌情扣分		
3	调整工作台行程距离合理	15	不符合要求酌情扣分		
4	用千分尺或杠杆表测量姿势正确	10	不符合要求酌情扣分		
5	尺寸公差达到要求	15	不符合要求酌情扣分		
6	测量平行度符合要求	15	不符合要求酌情扣分		
7	平面度的检验达到要求	15	不符合要求酌情扣分		
8	安全文明操作		违者每次扣2分		

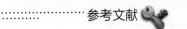

参考文献

[1] 张力真，徐允长. 金属工艺学. 北京：高等教育出版社，2001.

[2] 雷世明. 焊接方法与设备. 北京：机械工业出版社，2002.

[3] 王英杰，韩世杰. 金工实习指导. 北京：中国铁道出版社，2000.

[4] 王增强. 普通机械加工技能实训. 北京：机械工业出版社，2007.

[5] 机械工业职业技能能鉴定指导中心. 磨工技术. 北京：机械工业出版社，2002.

[6] 机械工业职业技能能鉴定指导中心. 铣工技能鉴定考核试题库. 北京：机械工业出版社，2004.

[7] 劳动和社会保障部. 车工（中级）. 北京：中国劳动社会保障出版，2004.

[8] 明立军. 车工实训教程. 北京：机械工业出版社，2007.

[9] 劳动和社会保障部. 车工工艺与技能训练. 北京：中国劳动社会保障出版社，2001.

[10] 劳动和社会保障部. 金工实习. 北京：中国劳动社会保障出版社，2001.